PETRA TWARDOKUS

COACHING FÜR KATZENHALTER

KOSMOS

LIEBE KATZENHALTERIN, LIEBER KATZENHALTER,

zu Beginn möchte ich Sie um etwas bitten, das mir sehr am Herzen liegt: Bitte verwenden Sie nie mehr die Bezeichnung Katzen- oder Tierbesitzer. Katzen und andere Tiere sind Lebewesen, und die kann man nicht besitzen. Wenn an diesem Punkt bereits ein Umdenken stattfindet, ist schon sehr viel erreicht.

In Deutschland werden fast 8 Millionen Katzen als Haustiere gehalten, und in der heutigen Zeit nehmen sie für ihre Halter im Zusammenleben oftmals eine besondere Rolle ein. Sie sollen beispielsweise als Partnerersatz dienen oder einfach nur als Gesellschaft – wenn einem gerade mal danach ist. Es ist daher nicht verwunderlich, dass Katzen damit häufig einfach überfordert sind und es vermehrt zu Verhaltensauffälligkeiten wie Unsauberkeit, Ängstlichkeit, Aggressivität sowie unzähligen anderen Symptomen kommt. Oftmals kennen die Menschen aber auch die Bedürfnisse und Ansprüche ihrer Katze nicht wirklich, oder es prallen bei den menschlichen und den kätzischen Vorstellungen einfach Welten aufeinander. In meinem Beruf als Katzenpsychologin geht es darum in erster Linie um Aufklärung. Viele Katzenhalter kommen gar nicht darauf, dass eine für sie ganz alltägliche und unbedeutende Situation oder Veränderung für ihre Katze ein großes Problem darstellt und sie völlig aus dem Gleichgewicht bringen kann. Manchmal muss ein artgerechtes Verhalten wie das Kratzen auch einfach nur in andere Bahnen gelenkt werden, damit die Tapete nicht mehr weiter herhalten muss.

Ich freue mich sehr, dass Sie erkannt haben, dass Sie als Mensch ein Coaching brauchen, während die Katzen immer alles richtig machen. Sie haben aus ihrer kätzischen und subjektiven Sicht heraus nämlich immer einen absolut guten Grund, warum sie sich in einer gewissen Weise verhalten. Jedes auffällige Verhalten einer Katze ist ein Hilferuf, denn da sie die menschliche Sprache nicht beherrscht, kann sie sich nur in ihrer eigenen verständigen und durch ihre Körpersprache darauf aufmerksam machen, dass etwas mit ihr beziehungsweise in ihrem Umfeld nicht stimmt. Es ist also niemals Boshaftigkeit oder Provokation, wie manche Menschen irrtümlich annehmen, sondern immer eine Bitte um Hilfe, da sie sich nicht anders zu helfen weiß.

Kenntnisse in Katzenpsychologie können helfen, diese Hilferufe des Tieres zu entschlüsseln und das Verständnis zwischen Mensch und Katze zu verbessern. Ich bin als Verhaltenstherapeutin für Katzen eine Art Übersetzerin für beide Seiten, denn ich kenne mich mit der Verhaltensweise der Katze und ihrer Sprache ebenso gut aus wie mit der menschlichen. Es geht immer darum, den Auslöser für ein unerwünschtes Verhalten zu erkennen und mit der entsprechenden Therapie bei der Auflösung zu helfen.

Dieses Wissen möchte ich gern an Sie weitergeben, denn schließlich spielen Sie eine ganz entscheidende Rolle im Leben Ihrer Samtpfote und können somit ihr Verhalten positiv wie negativ beeinflussen. Sie können Ihrer Katze dabei helfen, ein entsprechendes unerwünschtes Verhalten ganz aufzugeben oder aber es in andere Bahnen zu lenken. Gerade bei Unsauberkeit ist es allerdings sehr wichtig, sicherzugehen, dass der Tierarzt körperliche Ursachen ausschließen kann. Wenn die Katze nämlich unter einer Blasenentzündung leidet, kann sie den Urin vielleicht einfach nicht halten, bis sie die Katzentoilette erreicht hat.

Wer die Bedürfnisse und Ansprüche seiner Katze alle erfüllt, wird eine ausgeglichene und zufriedene Katze haben, die keinen Grund

für ein auffälliges Verhalten hat. Da die meisten Menschen aber über die genauen Bedürfnisse und Ansprüche ihrer Katze zu wenig wissen, verrate ich Ihnen die goldenen Regeln in allen wichtigen Bereichen. Wenn Sie diese befolgen, geht es Ihrer Katze und damit Ihnen gut. Wenn sich die Katze trotzdem einmal durch ein auffälliges Verhalten bemerkbar macht, sollten Sie mit Einfühlungsvermögen und Verständnis reagieren, um die Verunsicherung der Katze nicht noch weiter zu verstärken. Versuchen Sie dann anhand dieses Ratgebers herauszufinden, wo etwas für die Katze nicht stimmt beziehungsweise was ihr fehlt. Wenn Sie dann entsprechend auf die Katze eingehen und die „kätzische Ordnung" wieder herstellen, kommt sie wieder in ihr inneres Gleichgewicht und braucht dieses entsprechende Verhalten gar nicht mehr.
Allerdings gibt es keine Patentrezepte, denn jede Katze ist ein Individuum mit einer einzigartigen Persönlichkeit. Deshalb reagiert jede Katze anders auf bestimmte Umstände und in einer ihr entsprechenden Weise. Warten Sie daher bitte in problematischen Fällen nicht zu lange damit, sich fachliche Hilfe zu suchen, denn ansonsten besteht die Gefahr, dass sich ein unerwünschtes Verhalten regelrecht verselbstständigt.
Weit verbreitet ist leider unverändert die Ansicht, eine Katze würde aus Protest unsauber werden oder andere auffällige Verhaltensweisen aufweisen, wenn ihr etwas nicht passt. Das ist nicht richtig. Vielmehr ist es so, dass Katzen aus

Unsicherheit unsauber werden, weil sie irgendetwas beunruhigt. Das Hinterlassen ihres eigenen Geruches an verschiedenen Stellen im Haus gibt der Katze dann eine gewisse Sicherheit. Ursachen für eine solche Unsicherheit können Angst, Kummer, Veränderungen, aber mitunter auch ganz banale Dinge sein.
Die Katze kann aus ihrer Not heraus nicht anders reagieren, denn sie weiß sich einfach in dem Moment nicht anders zu helfen. Ihr Verhalten kann also höchstens als Aufmerksammachen auf Missstände gewertet werden.
Wie Sie die Ansprüche Ihrer Katze befriedigen und ihre Bedürfnisse stillen können, vermittle ich Ihnen in diesem Buch. Ihre Katze wird es zu schätzen wissen und es Ihnen mit Liebe, Zuneigung sowie Zufriedenheit und Ausgeglichenheit danken. Das Verhältnis zwischen Ihnen und Ihrer Katze wird sich optimieren, und Sie werden sich noch wohler miteinander fühlen.
Ich wünsche Ihnen viel Spaß bei der Lektüre, viele interessante Erkenntnisse und wunderschöne Erlebnisse mit Ihrer Samtpfote.

Alles Liebe und Gute
Petra Twardokus

DIE ANSCHAFFUNG EINER KATZE

GRUNDSÄTZLICHE ÜBERLEGUNGEN VOR DER ANSCHAFFUNG

Die Anschaffung einer Katze ist eine weitreichende Entscheidung, die sehr gut überlegt sein sollte. Es handelt sich schließlich um ein neues Familienmitglied, das für mindestens 12 bis 15 Jahre ein Mitbewohner mit einer eigenwilligen Persönlichkeit wird. Eine Katze ist ein lebendiges und anspruchsvolles Wesen und dient weder als Dekoration, noch kann sie einfach sich selbst überlassen werden. Sie gehen vielmehr die Verpflichtung ein, ihren artgemäßen und individuellen Bedürfnissen entsprechend nachzukommen. Dabei gibt es im Vorfeld vieles zu bedenken und zu entscheiden. Als zukünftiger Katzen- oder Zweitkatzenhalter sollten Sie sich daher eine Menge Fragen stellen, sie gewissenhaft und vor allem ehrlich beantworten und sich über einiges klar werden. Spontane, rein emotionale Entschlüsse sind bei der Anschaffung einer Katze niemals ratsam.

Sie sollten sich anfangs fragen, ob eine Katze in Ihr momentanes und auch zukünftiges Leben passt. Alleinstehende, unabhängige Menschen planen ihr Leben anders als familiär gebundene. Überlegen Sie sich, ob sich das Halten einer Katze mit Ihren Zukunftsplänen vereinbaren lässt. Was geschieht, wenn ein Partner dazukommt, der die Katze nicht mag oder sie ihn nicht? Was geschieht mit der Katze während Ihrer regelmäßigen sowie einer eventuell überraschenden beruflichen Abwesenheit? Was ist bei einem Krankenhaus- oder Kuraufenthalt? Wer kümmert sich während Ihres Urlaubs um die Katze? Eine Trennung von ihrem Heim sowie von ihrem Menschen ist für eine Katze eine große Belastung.

Auch wenn die Verlockung noch so groß ist ... überlegen Sie es gut.

Katzen trösten gerade ältere Menschen in ihrer Einsamkeit und können von ihnen in der Regel ohne Mühe versorgt werden. Es muss jedoch gewährleistet sein, dass die tägliche Versorgung und Pflege der Katze jederzeit sichergestellt ist. Dazu gehören regelmäßige Futter- und Katzenstreu-Einkäufe sowie Besuche beim Tierarzt. Wie kommen Sie ohne Auto zum Geschäft oder in die Praxis, und wer hilft beim Tragen? Was geschieht mit der Katze, wenn ein Krankenhaus- oder Kuraufenthalt oder der Einzug in ein Alten- oder Pflegeheim anstehen? Allgemein ist bei älteren Menschen eher eine ebenfalls ältere Katze, beispielsweise aus dem Tierheim, zu empfehlen, da sie nicht mehr so lebhaft ist. Außerdem ist so nicht bereits vorprogrammiert, dass sie ihren Menschen überlebt und dann eine ungewisse Zukunft vor sich hat. Abgesehen davon sollte für diesen Fall natürlich immer rechtzeitig Vorsorge getroffen werden.

Katzen sind sensible Wesen und häufig ausgeprägte Individualisten. Zwang, eine grobe Behandlung, hastige Bewegungen und vor allem Lärm sind ihnen äußerst unangenehm. Die meisten lieben es, einen großen Teil ihrer Zeit entspannt in Ruhe und Geborgenheit zu verbringen. Deshalb ist es nicht zu empfehlen, eine Katze für ein Kleinkind anzuschaffen. Größere Kinder dagegen lernen im Umgang mit einer Katze Verantwortung, Rücksichtnahme und Respekt. Eine Familie muss sich Gedanken darüber machen, wer sich regelmäßig um die Katze kümmert und ob die Kinder alt genug sind, um verantwortungsbewusst und respektvoll mit ihr umzugehen. Es sollte eine Katze mit einer toleranten Persönlichkeit ausgewählt werden, die Kinder mag und gern spielt. Die Urlaubszeit ist ebenfalls zu berücksichtigen.

Katzen lieben Ruhe und Geborgenheit.

Prüfen Sie vor der Anschaffung die folgenden Punkte:

- Besteht die Bereitschaft, die Wohnung katzengerecht einzurichten und der Katze so viel Abwechslung und Beschäftigung zu bieten, dass sie in ihrem natürlichen Verhalten nicht allzu sehr eingeschränkt wird? Immerhin hat sie bestimmte **Ansprüche** an ihr Revier und individuelle Bedürfnisse.

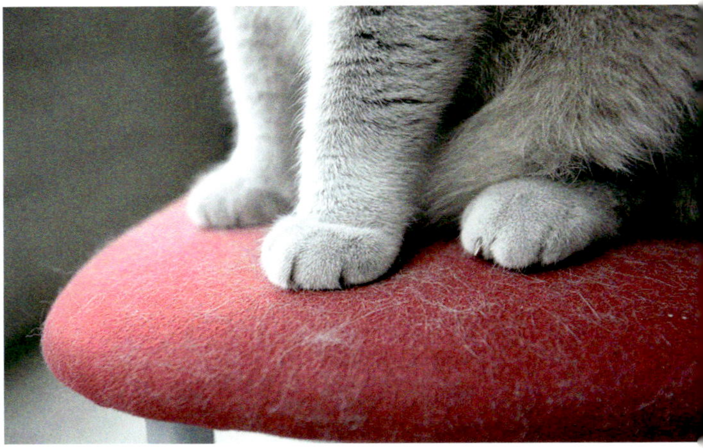
Oh weh, Katzenhaare auf den Möbeln.

- Ist ausreichend **Zeit** vorhanden, um sich regelmäßig mit der Katze zu beschäftigen, mit ihr zu spielen und sie am eigenen Alltag teilnehmen zu lassen? Sind Zeit und Bereitschaft vorhanden, ihr ausreichend Aufmerksamkeit in Form von Ansprache zu schenken, sie regelmäßig mit Futter, Wasser, frischer Streu zu versorgen und sich um ihre Körperpflege, vor allem bei Langhaarkatzen, zu kümmern?
- Stört es Sie, **Katzenhaare** auf Teppich, Couch und Kleidung vorzufinden? Es kann ebenso passieren, dass die Katze die Haare, die sie beim Putzen verschluckt hat, auf dem Teppich erbricht.
- Ist es für Sie akzeptabel, dass Ihre Wohnung nicht mehr so **sauber** und aufgeräumt ist, sondern dass Katzenstreu auf dem Teppich, Futter neben dem Napf und Spielzeug verstreut herumliegen?
- Wie hoch ist Ihre **Toleranz**, wenn etwas von der Katze zerkratzt oder zerstört wird?
- Wie groß ist Ihre **Rücksichtnahme**, um beispielsweise Kopfhörer zu benutzen, wenn Sie laute Musik hören möchten?
- Sind die Bereitschaft und das Geld vorhanden, die Katze regelmäßig impfen und entwurmen zu lassen sowie bei Krankheitssymptomen oder Unfällen sofort den **Tierarzt** aufzusuchen? Das ist unter Umständen mit sehr hohen Kosten verbunden, die ebenso bei einer Kastration anfallen.
- Haben Sie in Ihrem Monatsbudget weiterhin die regelmäßigen **Kosten** für hochwertiges Futter, Leckerchen und Katzenstreu eingeplant? Hinzu kommen natürlich die Anschaffungskosten für die Katze sowie die gesamte Erstausstattung inklusive Kratzbaum und Katzentoilette.
- Haben Sie den **Vermieter** vorsichtshalber um sein Einverständnis gebeten? Für eine reine Wohnungskatze ist diese nach heutiger Rechtsprechung nicht mehr erforderlich, solange niemand durch

Lärm, Schmutz oder Gestank belästigt wird und die Anzahl der Katzen nicht das normale Maß übersteigt. Bei einem Tierhaltungsverbot im Mietvertrag sollten Sie sich vorher trotzdem besser Gewissheit verschaffen.

- Sind Sie selbst oder jemand aus der Familie **allergisch** gegen Katzenhaare? Menschen mit einer unbehandelten Tierhaarallergie sollten besser keine Katze halten.
- Gibt es bereits eine oder **mehrere Katzen** in Ihrem Haushalt? In der Regel vertragen sich eine ältere und eine junge Katze gut, wobei die neue vom Temperament her zu der bisherigen passen sollte. Trotzdem braucht es eine gewisse Eingewöhnungszeit, da die erste Katze die Wohnung ja bereits als ihr eigenes Reich betrachtet. Zwei erwachsene Katzen müssen mit viel Einfühlungsvermögen aneinander gewöhnt werden, und ein Erfolg ist nicht garantiert.
- Gibt es **andere Haustiere**? Haben diese bereits Erfahrung mit Katzen, wenigstens aus einem früheren Zuhause? Sind es positive Erfahrungen? Könnte die Katze die anderen Haustiere als Beute oder Spielzeug ansehen? Sind diese davor ausreichend geschützt? Könnte die Katze selbst Probleme bekommen, weil sie zum Beispiel mit Hunden keine Erfahrungen hat?
- Wer kümmert sich um die Katze, wenn sie krank ist? Wer ist bei Abwesenheit, **Urlaub** oder Krankheit Ihrerseits für sie da?

Katzen und Hunde können auch gute Freunde werden.

WEITERE TIPPS VOR DER ANSCHAFFUNG

▸ Soll es ein **Jungtier oder eine erwachsene Katze** sein? Sie finden Katzen über Freunde, Zeitungsanzeigen, Züchter und im Internet. Junge Katzen sind zwar leichter erziehbar als ältere, aber beanspruchen anfangs mehr Aufmerksamkeit und Geduld. Besteht die Bereitschaft, diese Verantwortung auf sich zu nehmen? Bei einer älteren Katze ist der Charakter schon deutlich entwickelt und zu erkennen. Man muss jedoch verständnisvoll und einfühlsam sein, um sie an die veränderten Lebensumstände zu gewöhnen.

Soll es ein Jungtier oder eine erwachsene Katze sein?

▸ Soll es **eine Haus- oder eine Rassekatze** sein? Welche Rasse passt am besten? Es muss Ihnen klar sein, dass die Anschaffung einer Rassekatze kostspielig ist, wobei Liebhabertiere im Gegensatz zu Ausstellungs- oder Zuchttieren etwas günstiger sind. Eine Hauskatze dagegen wird manchmal sogar kostenlos in ein neues Zuhause abgegeben.

▸ Soll es **eine Langhaar- oder Kurzhaarkatze** sein? Falls Sie sich für eine Langhaarrasse entscheiden, sollten Sie bereit sein, das Fell täglich zu bürsten. Wird das Fell nicht richtig gepflegt, können sich daraus im Extremfall gesundheitliche Schäden entwickeln, abgesehen von Knoten und Verfilzungen, die notfalls sogar durch den Tierarzt entfernt werden müssen.

▸ Soll es eine **Katze aus dem Tierheim** sein? Ausgesetzte oder verlassene Tiere werden von Tierheimen oder privaten Katzenschutzorganisationen vermittelt sowie teilweise auch über das Fernsehen und Internet. Der Abgabepreis deckt dabei meist nur die Unkosten, da alle Katzen vorher geimpft, entwurmt und kastriert werden. Erkundigen Sie sich, ob die Katze in der Wohnung gehalten wurde

oder Freigänger war, und bringen Sie möglichst viel über ihre persönliche Geschichte und ihren Charakter in Erfahrung.
Akzeptieren Sie, dass Sie als zukünftiger Halter selbst überprüft werden, ob Sie angemessen für die Katze sorgen können. Es zeugt von Verantwortungsbewusstsein, wenn Katzenvermittler sich zuerst einen persönlichen Eindruck von dem neuen Zuhause machen und ein Tier notfalls wieder zurückholen.

Bei einer Katze aus dem Süden ist vieles zu beachten.

- Soll es eine **Fundkatze aus dem Urlaub** sein? Sie wissen nichts über ihre Vergangenheit und ob eine Gewöhnung an ein Leben in einer Stadtwohnung möglich ist. Ein Transport aus dem Ausland ist oft mit Schwierigkeiten verbunden. Zuerst sollte sich ein Tierarzt ein Bild vom Gesundheitszustand machen und etwas gegen eventuelle Parasiten unternehmen. Dabei sollte die Katze geimpft und entwurmt werden, was manchmal für die Ausfuhrbestimmungen sogar unerlässlich ist. Es bleibt auch immer zu überlegen, ob nicht zuerst den vielen Katzen in deutschen Tierheimen ein neues Zuhause gegeben werden sollte.
- Soll es **eine Wohnungs- oder eine Freilaufkatze** sein? Das hängt von Ihrer Wohnsituation ab und ob ein Auslauf überhaupt möglich ist. Allerdings ist dabei zu bedenken, dass draußen Gefahren lauern in Form von Autos, ausgelegtem Gift, schießwütigen Jägern, Verletzungen durch Katerkämpfe, in Keller oder Garage eingesperrt zu werden und nicht zuletzt durch Diebstahl oder sogar Tierfänger. Auch das Risiko von Krankheiten oder Parasiten ist um ein Vielfaches höher als bei einer reinen Wohnungskatze. Eine Freilaufkatze muss unbedingt vom Tierarzt tätowiert oder mit einer Mikrochip-Kennzeichnung versehen sein, um identifiziert werden zu können. Reine Wohnungskatzen leben oft länger und gesünder.

Natürlich spielt es aber eine entscheidende Rolle, ob die Katze vorher bereits ein Freigänger war oder nur in der Wohnung gelebt hat.

- Soll es **eine Katze oder ein Kater** sein? Eine Katze wird zwischen dem 6. und 8. Lebensmonat geschlechtsreif und dann zwei- bis dreimal im Jahr paarungsbereit. Ein Kater wird ungefähr im Alter von 9 Monaten geschlechtsreif und markiert dann sein Revier, indem er auch in der Wohnung Urin verspritzt. Katzen und Kater, mit denen nicht gezüchtet wird, sollten möglichst immer kastriert werden, um ihnen diesen Hormonstress zu ersparen.
- Soll es **ein Einzeltier oder ein Katzenpaar** sein? Eine Katze, die den ganzen Tag über allein bleiben muss, weil ihr Mensch arbeitet, braucht eine Zweitkatze zur Unterhaltung.

DIE AUSWAHL DER KATZE

Sie sollten sich nicht in erster Linie von der Optik beeinflussen lassen, sondern versuchen, etwas über das Wesen der Katze zu erfahren. Meistens wird aus einem vorwitzigen Kätzchen eine selbstbewusste lebhafte Katze, während aus einer zaghaften eher eine zurückhaltende Katze wird. Generell kann man sich jedoch nicht darauf verlassen. Außerdem gibt es reine Schmuse- oder Spielkatzen sowie distanzierte Katzen, die lieber ihren eigenen Weg gehen. Es gilt herauszufinden, mit wem Sie es zu tun haben.

Besonders geeignet ist natürlich eine Katze, die interessiert angelaufen kommt und neugierig von sich aus Kontakt aufnimmt. Berücksichtigen Sie aber, dass Sie fremd sind, Rassekatzen und junge Katzen generell zurückhaltender sind und vielleicht im Moment andere Aktivitäten wie Schlafen, mit den Geschwistern spielen oder Fressen angesagt sind. Eine erwachsene Katze

Ist sie eine Schmuse-, eine Spiel- oder eher eine Schlafkatze?

wird eher von sich aus auf jemanden zugehen beziehungsweise deutlicher Interesse oder Abneigung zeigen. Es ist wichtig, sich mit der Katze, die Sie erwählt haben, näher zu beschäftigen. So ist zu erkennen, wie sie reagiert. Weicht sie demonstrativ zurück oder ignoriert sie Sie? Lässt sie sich gern von Ihnen streicheln und beginnt zu schnurren? Entzieht sie sich dabei eher, ist aber für Spielaufforderungen empfänglich?

BEI DER AUSWAHL BEACHTEN

Eine Jungkatze sollte möglichst nicht vor der 12. Lebenswoche in ein neues Zuhause wechseln. Jüngere Katzen von ihrer Mutter wegzunehmen, stört deren Sozialentwicklung extrem und sie entwickeln sich eher zu Problemkatzen. Ausnahmen sind nur bei mangelhaften Aufzuchtbedingungen sinnvoll. Die Persönlichkeit der Katze ist zu diesem Zeitpunkt noch nicht ausgereift und kann durch Umwelt, neue Erfahrungen und Erziehung beeinflusst werden.

- Die Augen sollten klar und sauber sowie ohne Tränenfluss sein.
- Bei den Ohren ist der äußere Gehörgang auf Schmutz, Ohrenschmalz und Ohrmilben, die sich als kleine schwarze Punkte zeigen, zu untersuchen. Auch wenn die Katze sich dauernd am Ohr kratzt oder den Kopf schüttelt, deutet das auf Milbenbefall hin.
- Die Zähne sollten, abhängig vom Alter, vollständig, gerade und nahezu weiß, das Zahnfleisch und der Gaumen rosa sein. Auffälliger Mundgeruch kann auf eine Erkrankung der Atemorgane oder eine andere Krankheit hinweisen.
- Die Nase sollte kühl und etwas feucht, aber ohne Ausfluss sein.

Schauen Sie sich die Kitten vorher ganz genau an!

- Das Fell sollte voll und glänzend sein und keine kahlen Stellen aufweisen. Es darf nicht verfilzt sein und keinerlei Spuren von Parasiten aufweisen. Auch Schorf oder Hautreizungen sollten nicht vorhanden sein.
- Der Gang sollte sicher und regelmäßig sein.
- Die Katze sollte einen munteren, lebhaften Eindruck machen und zutraulich sein.
- Um herauszufinden, ob die Katze gut hört, stellen Sie sich am besten hinter sie und klatschen einmal laut in die Hände.
- Lenken Sie die Aufmerksamkeit der Katze auf einen Finger und beobachten Sie, ob ihr Blick ihm von einer zur anderen Seite folgen kann. Fällt dieser Test negativ aus, könnte dies auf mögliche Erkrankungen hinweisen.
- Junge Katzen haben einen gerundeten Bauch. Ist er aber trommelförmig aufgebläht oder ist die Taille deutlich sichtbar, kann dies ein Zeichen von Wurmbefall sein.
- Der After muss sauber sein. Ist das Fell dort mit Kot verschmiert, ist das ein Hinweis auf Durchfall.

Das Geschlecht einer Katze, darunter das Geschlecht eines Katers

So erkennen Sie das Geschlecht einer Katze: Der Abstand zwischen After und runder Geschlechtsöffnung ist beim Kater größer, weil die Hoden dazwischen liegen; bei der Katze ist der Abstand geringer, und die Geschlechtsöffnung hat eine längliche Form (wie ein „i“).

DER KAUF

Beim Kauf einer Rassekatze sollten Sie sich unbedingt den Stammbaum, der die Namen und Farben der Ahnen von vier Generationen enthalten sollte, sowie den Impfpass, der den Nachweis über die bisher erfolgten Impfungen dokumentiert, aushändigen lassen. Erkundigen Sie sich danach, ob die Katze entwurmt ist. Verantwor-

Kartäuser-Kittengruppe – da fällt die Entscheidung nicht leicht.

tungsbewusste Züchter geben ihre Katzen mit einem schriftlichen Kaufvertrag sowie einem tierärztlichen Gesundheitsattest ab.
Klauseln im Kaufvertrag, die Ihnen seltsam erscheinen, sollten Sie besprechen und keinen Haftungsausschluss vonseiten des Verkäufers unterschreiben. Sie können eine Anzahlung leisten, aber den Rest sollten Sie erst bezahlen, wenn Sie die Katze mit Impfpass und Ahnentafel abholen.

TIPPS FÜR ZU HAUSE

Die Katzentoilette muss täglich mindestens einmal, besser zweimal gesäubert werden. Mindestens einmal im Monat muss die komplette Streu erneuert und die Plastikwanne mit Wasser ausgespült werden. Dabei verwenden Sie am besten eine Bürste, um den Boden gründlich abzuschrubben. Spülmittel oder Seife sollten Sie jedoch möglichst nicht benutzen, da der zurückbleibende Geruch die Katze irritieren kann.
Für ihr Wohlbefinden braucht die Katze Zuwendung, regelmäßige Mahlzeiten und eine intensive Pflege. Genauso wichtig sind für sie

Spielaufforderungen, Bewegung und Anregung durch den Menschen, um nicht in der Wohnung zu verkümmern und zahlreiche Unarten zu entwickeln. Bei zwei Katzen sind Sie zwar etwas entlastet, aber das gemeinsame Spiel mit ihrem Menschen ist trotzdem unerlässlich für eine Katze, da es die fehlenden Jagdaktivitäten ersetzt.

Sie sollten sich eine tierärztliche Praxis suchen, bevor die Katze ein gesundheitliches Problem hat oder eine Impfung oder Kastration ansteht. Dabei können Sie sich über den ungefähren Kostenaufwand und die Möglichkeiten für eine regelmäßige medizinische Betreuung informieren. Bei dieser Gelegenheit können Sie sich außerdem bereits einen Eindruck von der Praxis, dem Tierarzt oder der Tierärztin, dem Personal und der Atmosphäre machen.

Zwei Katzen sind besser als eine.

Ihre Katze verdient die beste Versorgung.

GOLDENE REGELN
FÜR DIE ANSCHAFFUNG EINER KATZE

1. Besteht die Bereitschaft, die Wohnung katzengerecht einzurichten, und ist ausreichend Zeit vorhanden, um sich regelmäßig mit der Katze zu beschäftigen, mit ihr zu spielen und sie regelmäßig zu versorgen?

2. Können Sie akzeptieren, Katzenhaare auf Teppich, Couch und Kleidung oder erbrochene Haarballen vorzufinden und dass die Wohnung nicht mehr so sauber und aufgeräumt ist wie vorher?

3. Wie hoch ist Ihre Toleranz, wenn etwas von der Katze zerkratzt oder zerstört wird, und wie groß ist die Rücksichtnahme, um zum Beispiel bei lauter Musik Kopfhörer zu benutzen?

4. Sind Ihre Bereitschaft und das Geld vorhanden, die Katze regelmäßig impfen und entwurmen zu lassen sowie bei Krankheitssymptomen oder Unfällen und zur Kastration den Tierarzt aufzusuchen?

5. Sind in Ihrem Monatsbudget zusätzlich zu den Kosten für die Anschaffung und die Erstausstattung weiterhin die regelmäßigen Kosten für hochwertiges Futter, Leckerchen und Katzenstreu eingeplant?

6. Haben Sie den Vermieter vorsichtshalber um sein Einverständnis gebeten sowie alle Familienmitglieder, vor allem hinsichtlich einer eventuellen Allergie? Ist gewährleistet, dass sich jederzeit jemand um die Versorgung der Katze bei Abwesenheit, Urlaub oder Krankheit Ihrerseits kümmert?

7. Gibt es bereits eine oder mehrere Katzen im Haushalt oder andere Haustiere, sodass Sie darauf in Form von Alter, Geschlecht, bisher gemachte Erfahrungen der Tiere und durch eine besonders einfühlsame Eingewöhnung Rücksicht nehmen müssen?

8. Soll es ein Jungtier oder eine erwachsene Katze, eine Rasse- oder eine Hauskatze, eine Langhaar- oder Kurzhaarkatze, eine Wohnungs- oder

Freilaufkatze, eine Katze oder ein Kater, ein Einzeltier oder ein Katzenpaar sein?

9. Bei der Besichtigung der Katze sollten ihre Augen klar, die Ohren sauber und nicht taub, die Zähne vollständig und nahezu weiß, das Zahnfleisch und der Gaumen rosa, die Nase kühl und etwas feucht, das Fell voll und glänzend, der Gang sicher und regelmäßig, der Bauch nicht trommelförmig aufgebläht und der After sauber sein.

10. Die Katze sollte einen munteren, lebhaften Eindruck machen sowie zutraulich sein. Sie sollte von sich aus auf Sie zugehen und somit selbst ihre Wahl treffen, ob Sie ihr neuer Mensch werden sollen.

DIE VERSORGUNG DER KATZE

DIE KATZENTOILETTE

Gerade wenn eine Katze unsauber wird, stellt das für ihren Menschen eine besondere Herausforderung dar. Sie sollten sich jedoch nicht darüber aufregen und schimpfen, dass es für Ihre Katze überhaupt keinen Grund gäbe, da sie schließlich alles hätte, was sie braucht. Das sehen nämlich wohl nur Sie so.
Es ist allerdings ebenso falsch verstandene Tierliebe, wenn Sie einfach akzeptieren, dass Ihre Katze unsauber ist, und es Ihnen nichts ausmacht, die Bescherung zu entfernen. Das allein reicht nicht, denn die Katze hat immer einen Grund für ein solches Verhalten. Katzen sind die reinlichsten Tiere, und wenn sie ihr Heim erster Ordnung verunreinigen, gibt es dafür einen Auslöser. Die Katze möchte also auf etwas aufmerksam machen, und das sollten Sie nicht einfach ignorieren. Außerdem kann sich dieses Verhalten über längere Zeit regelrecht verselbstständigen und zur Gewohnheit werden. Suchen Sie sich daher möglichst rechtzeitig professionelle Hilfe, wenn Sie die Ursache nicht selbst finden.
Katzen haben im Übrigen ein ganz anderes Verhältnis zu ihren Ausscheidungen als wir Menschen. Für sie ist das nicht „Iiiih!", sondern einfach eine Form der Kommunikation. Sie setzen damit ein Zeichen und hinterlassen eine Botschaft, die eine andere Katze entziffern kann – wir leider nicht. In erster Linie ist es jedoch ein Hilferuf, mit dem die Katze signalisiert, dass etwas für sie in ihrem Umfeld nicht stimmt. Es liegt an Ihnen (oder mir) herauszufinden, was das ist. Sie weiß sich jedenfalls in dieser Situation nicht anders zu helfen, als eine gewisse Irritation durch das Hinterlassen einer solchen Duftbotschaft zu kompensieren.

Ansprüche an die Katzentoilette

Natürlich sollte als erstes überprüft werden, ob auch wirklich alle Ansprüche an die Katzentoilette tatsächlich erfüllt sind. Dazu sollten Sie wissen, dass Katzen nie in unmittelbarer Nähe von Schlaf- oder Fressplätzen urinieren und koten. Daher sollten die Katzentoiletten im Haus auch niemals dort platziert werden.
Die Anzahl der Toiletten sollte in der Regel eine mehr betragen als Katzen im Haushalt sind. Manchen Katzen macht es nichts aus, ih-

re Toilette mit einer Mitkatze zu teilen. Andere dagegen sind in dieser Hinsicht sehr empfindlich. Schließlich werden fremde Gerüche sowie entsprechende Botschaften hinterlassen, und der eigene Geruch wird immer wieder überdeckt. Bei mehreren Etagen im Haus sollte möglichst in jedem Stockwerk und auch im Keller eine Toilette vorhanden sein. Manche Katzen bevorzugen es sogar, Urin und Kot in unterschiedlichen Toiletten abzusetzen. Im Übrigen benötigen auch Freigänger auf jeden Fall eine Katzentoilette im Haus, da sie sich nicht unbedingt ausschließlich im Freien entleeren.

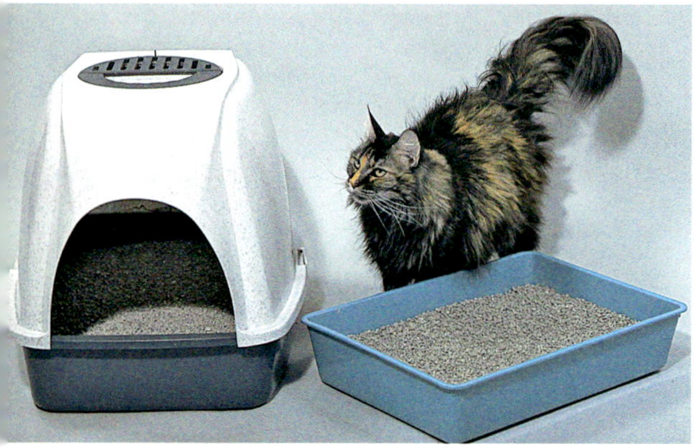

Der Platz, an dem die Katzentoilette steht, sollte ruhig, gut zugänglich und möglichst zu lüften sein. Die Küche oder ein Raum, in dem das Futter der Katze aufbewahrt wird oder wo sie frisst, sind dafür natürlich ungeeignet. Wer speist schon gern auf dem stillen Örtchen? Außerdem sollte die Katzentoilette immer an der gleichen Stelle stehen, damit die Katze sie auch findet. Nach einem Umzug sollte die Katzentoilette daher möglichst an einer vergleichbaren Stelle wie in der vorherigen Wohnung aufgestellt werden.

Ein geeigneter Platz für die Katzentoilette ist das Badezimmer, denn dort ist es dunkler und ruhig. Auch eine eventuelle Geruchsbelästigung passt dort am besten hin. Die Katzentoilette sollte nicht an Stellen platziert werden, die zugig, laut, unruhig und einsehbar sind. Wer will schon wie auf einem Präsentierteller dabei beobachtet werden, wenn er sein Geschäft verrichtet?

Katzen müssen ihre Toilette jederzeit und ungestört benutzen können. Das bedeutet, dass der Zugang stets frei sein muss und nicht womöglich durch eine geschlossene Tür verhindert werden darf. Wenn die Katzentoilette im Badezimmer beziehungsweise in der Toilette steht, muss jeder Besucher gebeten werden, die Tür nicht vollständig zu schließen oder zumindest nach der Toilettenbenutzung wieder geöffnet zu lassen.

Die Grundfläche der Katzentoilette sollte sich nach der Größe der Katze richten und mindestens 40 × 50 cm betragen, nach Möglichkeit jedoch größer sein. Das gilt vor allem für Toiletten mit Haube, da die Bewegungsfreiheit dabei für die Katze eingeschränkt ist. Sie darf sich keinesfalls eingeengt fühlen und muss sich bequem drehen und bewegen können. Schließlich gibt es bereits benutzte Stellen, sodass sie lieber nach einer anderen sucht. Wer steht schon gern beim Toilettengang mitten in den eigenen oder sogar in fremden Exkrementen?

Es sollte ebenfalls darauf geachtet werden, dass die Katze weit genug in die Toilette hineingehen kann und dies auch tut. Lässt sie den Schwanz zu weit aus der Öffnung oder über den Rand ragen, kann der Kot aus der Toilette herausfallen oder der Urin hinausspritzen. Wenn also Ausscheidungen der Katze direkt vor der Toilette gefunden werden, muss beobachtet werden, ob es sich nicht vielleicht nur um eine falsche Toilettenbenutzung beziehungsweise eine zu kleine Katzentoilette handelt.

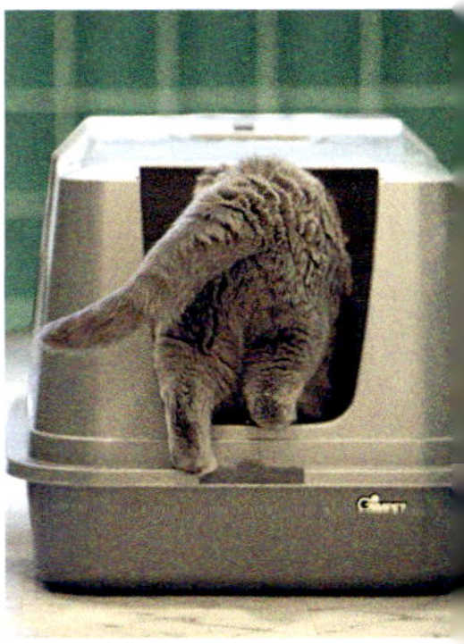

Die Toilettenschale sollte möglichst aus Kunststoff, standfest und etwa 20 Zentimeter hoch sein. Dadurch wird verhindert, dass beim Scharren zu viel Streu aus der Toilette herausfliegt, und bei Toiletten ohne Haube wird vermieden, dass die Katze im Stehen nicht über den Toilettenrand hinaus urinieren kann. Der Urinabsatz erfolgt zwar meist im Hocken, aber zum Schluss hebt fast jede Katze ihr Hinterteil langsam an und presst noch etwas nach. Ältere Katzen hocken sich auch nicht mehr ganz hin, weil sie unter Gelenkrheuma leiden, nicht mehr so beweglich sind oder Schmerzen haben.

Es gibt die einfache Plastikwanne, die sich auch zum Reisen eignet, die Plastikwanne mit einem höheren Rand, aus der die Katzenstreu nicht so leicht hinausfliegen kann, und die Katzentoilette mit Haube. Diese Haubentoiletten gibt es auch mit integriertem Geruchsfilter und Klapptür.

Bei Katzentoiletten ohne Haube sollte ein Freiraum darüber sein, sodass die Katze aufrecht stehen kann, ohne direkt Handtücher oder Vorhänge über sich hängen zu haben. Die Toilette sollte möglichst auch nicht direkt unter dem Abfluss eines Waschbeckens oder neben der Waschmaschine platziert sein, da plötzliche Geräusche des Wassers im Abfluss beziehungsweise in der Waschmaschine eine sensible Katze erschrecken und auf sie störend wirken können.

Wird eine Toilette mit Haube verwendet, sollte sie einen Filter haben, der regelmäßig ausgewechselt wird. Außerdem empfiehlt es sich, die Schwingtür in der Öffnung zu entfernen, damit sich der Geruch im Innenraum nicht zu lange hält. In den meisten Fällen haben Katzen außerdem Schwierigkeiten mit der Benutzung dieser Türen und reagieren auf dieses Hindernis beim Hinein- oder Hinausgehen gehemmt oder lassen es lieber ganz.

Die Katzenstreu

Die Katzenstreu sollte mindestens fünf, besser acht Zentimeter hoch eingestreut werden, damit die Katze ihre Fäkalien darin genügend tief verscharren kann. Diese Höhe muss durch regelmäßiges Nachfüllen erhalten bleiben. Die Streu sollte eine gute Saugfähigkeit besitzen und keine spitzen oder scharfen Kanten aufweisen, um Verletzungen der Pfoten zu vermeiden. Vor allem Wohnungskatzen haben besonders empfindliche Pfotenballen.

Verschiedene Katzenstreu-Sorten

Klumpstreu

Es gibt verschiedene Arten von Katzenstreu. Die einfache besteht aus Granulaten wie Ton, Quarz und Sand. Sie saugt Flüssigkeiten auf, aber der Urin kann nicht als Klumpen entnommen werden, sondern nur der Kot. Die Klumpstreu dagegen ist sparsam im Verbrauch und geruchsbindend, da sie bei Kontakt mit Urin und Kot Klumpen bildet, die anschließend entfernt werden können. Silikatstreu bindet zwar gewisse Mengen an Flüssigkeit, aber es wird nur der Kot entnommen. Für Katzenpfoten ist diese Konsistenz etwas ungewöhnlich und erinnert sie nicht an Sand und Erde. Ökostreu saugt Flüssigkeit auf und ist je nach Zusammensetzung mehr oder weniger geruchsbindend. Diese Streu ist als einzige kompostierbar, während die anderen Sorten über den Hausmüll entsorgt werden. Generell muss Katzenstreu weitgehend geruchsbindend und garantiert asbestfrei sein, um die Schleimhäute von Katze und Mensch nicht zu reizen. Parfümierte Streu kann für Katzen unangenehm riechen und wird von ihnen dann nicht angenommen. Es sollte eine staubarme, nicht zu feine Einstreu verwendet werden, da die Katze beim Scharren sonst Staub einatmet. Außerdem sollte möglichst wenig Streu zwischen den Ballen der Katzenpfoten hängen bleiben, da dies für die Katze unangenehm ist und schmerzhaft sein kann.

Als Einstreu sollte möglichst immer die gleiche, gewohnte verwendet werden. Auf Experimente von sehr feiner Streu zu sehr grober, von Streu zu Erde oder auch Granulat und umgekehrt sollte ebenso verzichtet werden wie auf Deodorantzusätze. Dieser für die empfindliche Katzennase eher unangenehme und irritierende Geruch kann bewirken, dass es vorgezogen wird, die Katzentoilette nicht zu benutzen.

Keine Katze möchte beim Betreten ihrer Toilette oder beim Scharren nasse Pfoten bekommen. Toiletten ohne Einstreu sowie mit Zeitungs- oder anderem Papier sind daher absolut ungeeignet, da sie rasch feucht werden und schnell unangenehm riechen. Das gleiche gilt für Plastikfolien, da diese knistern und die Katze das als störend empfinden kann. Auch Stroheinstreu ist ungeeignet, da sie stark quillt, schnell riecht und im Katzenfell hängen bleibt.

Die Katzentoilette sollte täglich morgens und abends gereinigt werden. Am besten eignet sich Klumpstreu, da dabei nur der Kot und die Urinklumpen, die sich gebildet haben, entfernt werden müssen. Katzen haben einen extrem empfindlichen Geruchssinn und mögen es zudem nicht, in Exkrementen zu stehen. Darum setzen sie ihren Urin und Kot nicht auf stark verschmutzter Streu ab. In diesen Fällen werden die Ausscheidungen dann häufig wegen mangelnder sauberer Einstreu vor oder neben der Toilette platziert.

Am besten verwenden Sie eine Plastikschaufel, mit der Sie feste Bestandteile aus der Katzenstreu entfernen und im Müll entsorgen können. Die Größe der Gitteröffnungen der Schaufel richtet sich nach der Konsistenz der Streu, denn beim Entfernen von Kot oder Urinklumpen müssen die restlichen Körner wie durch ein Sieb hindurchfallen, damit nicht zu viel saubere Streu weggeworfen wird.

Alle zwei bis vier Wochen muss die gesamte Einstreu ausgewechselt werden. Dabei ist die Katzentoilette gründlich zu reinigen. Dazu sollten keine ammoniakhaltigen Mittel benutzt werden, da diese ähnlich wie fremder Katzenurin riechen. Dies kann ein möglicher Grund für die Katze sein, die Toilette zu meiden. Es sollten überhaupt keine stark riechenden Reiniger verwendet werden, da auch deren Geruch die Katze irritieren kann. Meist reichen heißes Wasser, eine Bürste und geruchlose Neutralseife. Das alles gilt auch für die Beseitigung einer Pfütze in der Wohnung. Ansonsten wird die Katze diese Stelle immer wieder verunreinigen.

Gesundheitliche oder organische Ursachen für Unsauberkeit

Es sollten also bei Unsauberkeit als erstes die Toilettenverhältnisse überprüft, aber auch eine Erkrankung des Harntraktes durch den Tierarzt ausgeschlossen werden. Beispielsweise kann eine Blasenentzündung die Ursache für Unsauberkeit sein. Wenn eine Katze den Urin einfach nicht mehr halten kann und es nicht rechtzeitig zur Toilette schafft, muss natürlich dort angesetzt werden. Stress scheint übrigens ein wichtiger Faktor bei der Entstehung von Harnwegserkrankungen zu sein. Auch eine alte Katze kann ihre Ausscheidungen mitunter nicht mehr halten, und bei Durchfall schafft es die Katze ebenfalls vielleicht einfach nicht mehr zur Toilette.

Wenn die Katze nur einzelne Kotstückchen in der Wohnung hinterlässt, kann es sich um Verstopfung handeln, wodurch sich der Kot in der Toilette nicht vollständig vom After gelöst hat, sondern unterwegs verloren wurde.

Ein mangelhaftes Training der Katze zur Benutzung der Toilette kann eine weitere Ursache für einen unerwünschten Urin- und Kotabsatz im Haus oder in der Wohnung sein. Die Toilettenbenutzung sollte dann positiv verstärkt werden. Benutzt die Katze also die Toilette, wird sie gelobt und anfangs sogar mit einem Leckerchen belohnt. Wenn Sie die Katze dabei beobachten, dass sie sich außerhalb der Toilette entleeren will, sollten Sie sie unverzüglich mit einem lauten „Nein" hochheben und in die Toilette setzen. Führt sie dann den begonnenen Vorgang dort weiter durch, wird sie belohnt. Es ist wichtig, dass die Katze mit der Benutzung der Katzentoilette angenehme Erfahrungen verknüpft.

Wichtig ist auch, darauf zu achten, dass die Katze nicht von einer Mitkatze an der Benutzung der Katzentoilette gehindert oder im Anschluss daran attackiert wird. Solche Erlebnisse verleiden der Katze die Toilettennutzung, und sie wird sie aus Angst in Zukunft vermeiden.

Markieren

Ebenso gilt es, herauszufinden, ob es sich um Urinieren in einer Hockstellung handelt oder um Markieren im Stehen, bei dem der Urin nach hinten meist an ein senkrechtes Objekt gespritzt wird. Die Katze bewegt sich dabei rückwärts auf ein Objekt zu. Ihre Hinterbeine sind gestreckt, der Schwanz ist steil in die Höhe gerichtet, und die Schwanzspitze zuckt. Der Urinstrahl wird gerade nach hinten, zielgenau auf das Objekt gerichtet. Es kann allerdings vorkommen, dass weibliche Katzen auch in einer kauernden Stellung markieren. Dann ist genau zu beobachten, ob der Urin nach hinten oder nach unten ausgeschieden wird.

Markierte Post – wegen der daran haftenden fremden Gerüche

Urinmarkieren an senkrechten Flächen gehört ebenfalls zur Unsauberkeitsthematik. Es kann sowohl bei Katern, Katzen sowie kastrierten Tieren vorkommen. Für eine Katze gehört das Markieren zur Kommunikation mit Artgenossen. Trotzdem sollte sie ihr Heim damit natürlich nicht verunreinigen, sondern andere Wege finden, sich mitzuteilen.
Meistens markieren Katzen mit Urin wiederholt am gleichen Ort oder an einigen wenigen Orten beziehungsweise Objekten. In einem Mehrkatzenhaushalt müssen Sie herausfinden, welche der Katzen außerhalb der Katzentoilette uriniert.

Die Ursachenforschung

Eine selbstbewusste, zufriedene und entspannte Katze hat es gar nicht nötig, mit extremen Maßnahmen wie dem Markieren mit Urin Angst und Stress zu bekämpfen. Wird eine Katze jedoch unsauber, hat sie immer einen Grund dafür. Der Urin auf dem Teppich ist nicht das eigentliche Problem. Eine aufmerksame Beobachtung sowie eine genaue Analyse sind also unbedingt erforderlich.
Es gibt Katzen, die auf jede Störung ihres psychischen Wohlbefindens mit Unsauberkeit reagieren, während andere dies eher mit Hyperaktivität, Depression oder gesteigerter Aggressivität und Reizbarkeit tun. Dabei spielen die individuelle Veranlagung sowie

die Persönlichkeit einer Katze eine entscheidende Rolle. Darum gibt es auch kein Patentrezept, sondern eine Therapie muss immer auf den jeweiligen individuellen Fall abgestimmt werden.
Viele Probleme ließen sich im Vorfeld vermeiden, wenn Sie sich vor Veränderungen in Ihrem und dem Leben Ihrer Katze Gedanken über die möglichen Folgen machen würden. Eine langsame Gewöhnung an Veränderungen verhindert, dass überhaupt eine Stresssituation für die Katze entsteht. Zumindest wird die Belastung dann so gering gehalten, dass etwas mehr Aufmerksamkeit genügt, um die Katze nicht zu sehr aus dem Gleichgewicht zu bringen.

Keine Bestrafung!

Bestrafungsaktionen, wie Schläge oder die Katzennase in die Exkremente zu drücken, sind absolut tabu und bewirken vor allem eher das Gegenteil. Bitte schimpfen Sie auch nicht mit der Katze. Die meisten der mit Unsauberkeit reagierenden Katzen sind unsichere und ängstliche Tiere, was sich dadurch noch verstärken würde. Die bereits bestehende Erregung wird weiter gesteigert und liefert einen zusätzlichen Grund, um sich an bestimmten Stellen zu erleichtern und damit Signale zu setzen. Es kann auch geschehen, dass die Katze das Schimpfen mit dem Ausscheidungsvorgang selbst in Verbindung bringt und dann erst recht nur noch heimlich in versteckte Ecken uriniert, weil sie es generell für verboten hält, sich zu entleeren. Daher sollte dieses unerwünschte Verhalten einfach ignoriert und erwünschtes Verhalten wie die Benutzung der Katzentoilette belohnt werden, um den Stresslevel zu verringern. Es kann ansonsten sogar passieren, dass eine Katze die Aufmerksamkeit, die sie durch das Schimpfen bekommt, immer wieder sucht. Gerade Katzen, mit denen der Halter sich nicht ausreichend beschäftigt, sind dann sogar für eine negative Ansprache dankbar.
Verhaltensauffälligkeiten lassen sich manchmal durch Belohnung des stattdessen erwünschten Verhaltens auflösen. Loben Sie also die Benutzung der Katzentoilette und belohnen Sie Ihre Katze mit Streicheln oder einem Leckerchen. So lernt sie, dass es sich lohnt, diese Örtlichkeit aufzusuchen. Es ist jedoch wichtig, es genau in dem Moment zu tun, wenn die Katze die Toilette benutzt, damit sie die Belohnung damit in Verbindung bringen kann.

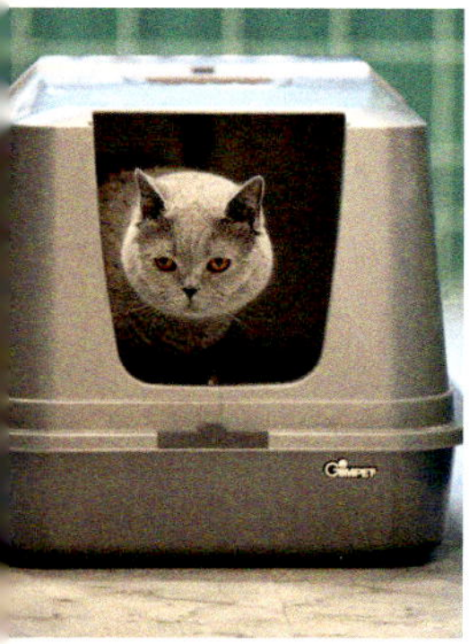

Loben Sie Ihre Katze, wenn sie brav die Katzentoilette benutzt.

GOLDENE REGELN FÜR DIE KATZENTOILETTE

1. Katzentoiletten sollten nie in der Nähe von Schlaf- oder Fressplätzen platziert werden, da Katzen an diesen Stellen keine Ausscheidungen vornehmen.

2. Die Anzahl der Toiletten sollte in der Regel eine mehr betragen als Katzen im Haushalt sind, und Freigänger müssen auf jeden Fall auch im Haus eine Katzentoilette haben.

3. Der Platz, an dem die Katzentoilette steht, sollte ruhig sowie gut und vor allem jederzeit zugänglich sein.

4. Die Katzentoilette sollte immer an der gleichen Stelle stehen, wo möglichst gelüftet werden kann, die aber selbst frei von Zugluft, unangenehmen Gerüchen sowie Durchgangsverkehr ist.

5. Die Katzenstreu sollte mindestens fünf, besser acht Zentimeter hoch eingestreut sein, eine gute Saugfähigkeit besitzen, keine spitzen oder scharfen Kanten aufweisen, staubarm und immer von gleicher Beschaffenheit sein.

6. Keine Katze möchte beim Betreten ihrer Toilette oder beim Scharren nasse Pfoten bekommen, weshalb Toiletten ohne Einstreu, mit Zeitungs- oder anderem Papier, mit Plastikfolie oder Stroheinstreu absolut ungeeignet sind.

7. Die Katzentoilette muss täglich morgens und abends gereinigt werden, weshalb sich am besten Klumpstreu eignet. Alle zwei bis vier Wochen muss die gesamte Einstreu ausgewechselt und die Katzentoilette gründlich mit heißem Wasser gereinigt werden.

8. Die Grundfläche der Toilette sollte sich nach der Größe der Katze richten, und die Toilettenschale sollte möglichst aus Kunststoff, standfest und etwa 20 Zentimeter hoch sein.

9. Bei Katzentoiletten ohne Haube sollte ein Freiraum darüber sein, sodass die Katze aufrecht stehen kann. Außerdem sollte es dort keine störende Geräuschkulisse geben.

10. Wird eine Toilette mit Haube verwendet, sollte sie einen Filter haben, der regelmäßig ausgewechselt wird, und die Schwingtür in der Öffnung sollte entfernt werden.

DIE FÜTTERUNG

Die Katze hat 60 bis 65 Millionen Geruchszellen und damit einen stärker ausgeprägten Geruchssinn als der Mensch, der nur 5 bis 20 Millionen Geruchszellen hat. Dafür verfügt sie jedoch nur über etwa 500 Geschmackszellen und ist dadurch gegenüber dem Menschen mit seinen etwa 9.000 weit weniger geschmacksempfindlich. Katzen können Süßes so gut wie gar nicht schmecken, sondern haben lediglich Rezeptoren für die Geschmacksrichtungen sauer, salzig und bitter.

So eine Katzennase ist schon etwas Besonderes.

Der Geruchssinn ist bei der Katze sehr eng mit dem Geschmackssinn verbunden. Auch das Tastempfinden sowie die Temperatur tragen dazu bei, ob eine Katze etwas als schmackhaft empfindet. Darum spielen die Form und Konsistenz des Futters eine entscheidende Rolle sowie die Temperatur. Natürlich bevorzugt eine Katze ihr Futter eher „Mäuse-warm“ als „Kühlschrank-kalt“.

Katzen zerkauen ihre Nahrung nicht zu Brei, bevor sie sie schlucken, sondern sie wird mit den scharfen Reißzähnen zerschnitten und dann in ganzen Stücken hinuntergeschluckt. Wenn die Katze die Möglichkeit dazu hat, ist sie ein „Häppchenesser“ und geht immer, wenn ihr danach ist, an den Futternapf. Manche Katzen sind heikel und fressen nur bestimmte Nahrung, andere lieben die Abwechslung. Geprägt werden sie meist auf das Futter, das sie von Anfang an bekommen. So bevorzugen sie später entweder Trocken- oder Nassfutter, wenn sie in den ersten Lebenswochen nicht verschiedene Nahrungsformen kennengelernt haben.

Nahrungsbedarf

Die Vorteile einer richtigen Ernährung sind eine erhöhte Widerstandskraft gegen Krankheiten, ein längeres Leben und ein gesunderes Fell. Ein qualitatives Futter trägt ebenfalls dazu bei, Übergewicht oder Lethargie zu beseitigen. Eine hochwertige Nahrung wirkt sich außer auf die Gesundheit auch auf das Verhalten aus und kann bewirken, dass die Katze ein ausgeglichenes Temperament hat.

Falsche Ernährung führt zu Mangelerscheinungen, Abmagerung sowie Appetitlosigkeit oder aber Fresssucht und kann Krankheiten oder Verhaltensstörungen auslösen. Mangelerscheinungen sind an Haut, Fell, Krallen und Zähnen erkennbar. Das Fell wird struppig und stumpf, und junge Katzen reagieren häufig mit Wachstumsstörungen. Die Katze hat dann ein angegriffenes Immunsystem und ist nervös.

Katzen brauchen tierisches Eiweiß für das Wachstum und für die Geweberegeneration. Außerdem sind darin lebensnotwendige Aminosäuren enthalten, die entscheidend für die Funktion von Muskeln, Herz, Augen und Gehirn sind. Die Katze benötigt zudem Fett, Kohlenhydrate, pflanzliche Fasern, Vitamine und Mineralstoffe.

Junge und alte, trächtige und säugende, übergewichtige und appetitlose oder erkrankte Katzen brauchen eine unterschiedlich zusammengesetzte Nahrung sowie bestimmte Gesamtfuttermengen. Ausschlaggebend ist, wie viel Futter und damit Energie benötigt wird,

Eine säugende Katzenmutter braucht viel Energie und darum optimales Futter.

Die Orientalisch Kurzhaar (links) gehört eindeutig zu den Schlankrassen, die Norwegische Waldkatze (rechts) dagegen zu den Plumprassen.

um ein normales Körpergewicht aufrechtzuerhalten. Dabei spielen auch die Rasse, die körperliche Aktivität und nicht zuletzt das Individuum selbst eine Rolle.

Hinsichtlich des Körpergewichts wird zwischen Plumprassen (Perser, Maine Coon, Kartäuser, Britisch Kurzhaar), mittelschweren Rassen (Birma, Manx, Russisch Blau, Rex, Europäisch Kurzhaar) und Schlankrassen (Abessinier, Somali, Siam, Orientalisch Kurzhaar, Burma) unterschieden. Außerdem ist es ausschlaggebend, ob es sich um ein männliches oder ein weibliches Tier handelt, denn Kater haben in der Regel einen kräftigeren Körperbau.

Übergewicht und Diäten

Katzen, die zu viel oder zu energiereiche Nahrung fressen und sich zu wenig bewegen, werden übergewichtig, was gelegentlich auch bei Kastraten oder bei älteren Katzen vorkommt. Übergewichtige Katzen leiden häufiger an Diabetes, Leberschäden, Haut- beziehungsweise Gelenkerkrankungen sowie Harnsteinen. Die Ernährung muss daher den aktuellen Verhältnissen angepasst werden, denn bei einer geringeren Aktivität ist auch weniger Energie nötig. Darum muss herausgefunden werden, woher das Übergewicht kommt. Andererseits führt eine Unterversorgung mit Nährstoffen zu Abmagerung, Auszehrung und Krankheit.

Gibt es zu viele kalorienreiche Leckerchen? Ist der Fettgehalt des Futters zu hoch? Bewegt sich die Katze zu wenig? Durch den Tierarzt müssen zusätzlich organische Ursachen ausgeschlossen werden können. Dann lautet die Empfehlung: mehr Bewegung, kleinere Rationen, keine Leckerchen und eventuell sogar ein kalorienreduziertes Diätfutter.

Eine übergewichtige Katze bekommt viele gesundheitliche Probleme.

Katzen sollten auf eine vom Tierarzt empfohlene Diät gesetzt werden, wenn sie beispielsweise unter Niereninsuffizienz, Diabetes, Allergien, Magen-, Darmerkrankungen oder Übergewicht leiden. Wichtig ist, die Katze gut zu beobachten, da sich ihre Ernährungsbedürfnisse ändern, wenn sie älter wird oder sich ihr Gesundheitszustand verändert. Eine Katze in einem guten Gesundheitszustand benötigt ein qualitativ hochwertiges Ernährungsprogramm. Jungkatzen brauchen darüber hinaus eine Wachstumsrezeptur, die gewährleistet, dass sie die Proteine und Nährstoffe bekommen, die eine heranwachsende Katze braucht.

Gesunde und erwachsene Katzen erhalten in der Regel ein bis zwei Mahlzeiten am Tag, säugende Muttertiere und heranwachsende Katzen mindestens drei. Übergewichtige Katzen erhalten die angegebenen Mengen etwa um ein Drittel gekürzt, bis das erwünschte Gewicht erreicht ist.

Ungeeignetes Futter

Es ist ein Irrglaube, dass Katzen Milch brauchen. Nach der Entwöhnung verliert eine Jungkatze das Enzym, welches benötigt wird, um den Milchzucker zu verdauen. Erwachsene Katzen bekommen daher von Milch Durchfall. Darum sollte höchstens spezielle Katzenmilch angeboten werden. Rohes Eiklar (Eiweiß) zerstört durch das enthaltene Avitin das Vitamin B in der Katzennahrung, und rohes Eigelb kann Salmonellen enthalten.

Katzen können Milch schlecht verdauen und bekommen davon Durchfall.

Ebenso wichtig ist es, keinesfalls Hundefutter zu füttern, denn für Katzen kann dies ernsthafte Gesundheitskomplikationen zur Folge haben, da sie mehr Protein und Fett in ihren Mahlzeiten benötigen als Hunde. Das falsche Futter ruft dann Mangelerscheinungen hervor, zumal die Katze die Aminosäure Taurin im Futter braucht, weil sie nicht wie der Hund imstande ist, diese im Körper selbst zu erzeugen. Eine Unterversorgung durch diese Fehlernährung kann zu

Erbrechen, Sehstörungen bis hin zu Blindheit und Fortpflanzungsstörungen führen.

Menschliche Babynahrung hat ebenfalls nicht die korrekte Nährstoffzusammensetzung, die eine Katze benötigt, und kann deshalb zu Gesundheitsproblemen führen. Menschliche Nahrung oder Selbstgekochtes ist für Katzen generell zu wenig ausgewogen, die wichtigen Vitamine sind weitgehend zerstört, und es fehlen essentielle Aminosäuren. Außerdem ist sie oft zu gehaltvoll und zu stark gewürzt, was Verdauungsprobleme verursachen kann. Prinzipiell benötigen Katzen die Nährstoffe in einer ganz anderen Zusammensetzung als der Mensch.

Gefährlich sind Schokolade wegen des enthaltenen, für die Katze toxischen Theobromins sowie Knochen. Die Zähne einer Katze können leicht brechen, wenn sie versucht, auf einem Knochen herumzubeißen. Kleine Knochen, wie vom Huhn, können splittern und in der Kehle der Katze hängen bleiben oder den Darm durchbohren.

Da in den meisten Fällen das genaue Wissen über die richtige Zusammensetzung der Nahrung fehlt, ist es am besten und einfachsten, die Katze mit einem hochwertigen Qualitätsfutter zu ernähren. Dessen Zusammensetzung richtet sich nach der natürlichen Katzennahrung und beruht auf Untersuchungen und Berechnungen zum genauen Nährwert. Ein qualitativ gutes Alleinfutter enthält somit die optimale Menge an pflanzlichen und tierischen Bestandteilen, die die Katze braucht.

Optimale Ernährung

Hochwertige Futtermittel für Katzen haben den Vorteil, dass sie die richtige Mischung von notwendigen Nährstoffen wie Proteine, Fette, Kohlenhydrate, Fasern, Vitamine, Mineralstoffe und Spurenelemente haben, da das Futter durch Ernährungswissenschaftler für Katzen optimal zusammengesetzt ist. Qualitäts-Markenprodukte sind eine gesunde, vollwertige und ausgewogene Kost für die Katze. Dabei sollten Sie sich nach der entsprechend empfohlenen Fütterungsmenge des Herstellers richten.

Der Geschmack und der Geruch von Thunfisch sind sehr stark und üben auf Katzen eine verführerische Wirkung aus. Thunfisch enthält jedoch viele Mineralsalze, die zur Bildung von Harnsteinen beitragen können. Außerdem raubt er dem Katzenkörper Vitamin E, was zu erheblichen Mangelerscheinungen führt. Es ist auch nicht ungewöhnlich, dass thunfischsüchtige Katzen nervös oder aggressiv sind. Ab und zu Thunfisch als fertige Katzennahrung oder auch im eigenen Saft zu füttern, ist absolut in Ordnung, nur muss es eben in Maßen geschehen.

Futterumstellung

Wenn eine Katze bisher minderwertige Nahrung bekam, ihr Futter nicht mehr verträgt oder zu einseitig frisst, muss sie umgewöhnt werden, was nicht immer leicht ist. Die Katze wird die neue Nahrung erst einmal verweigern, und Sie müssen sich immer wieder bewusst machen, dass es zu ihrem Besten und für ihre Gesundheit wichtig ist. Sie können das neue Futter schrittweise in immer größeren Mengen unter das gewohnte mischen.
Ab jetzt darf sie nur noch qualitativ hochwertiges Katzenfutter vom Tierarzt oder aus dem Zoofachhandel bekommen. Auch wenn Premium-Futtermittel meistens mehr kosten, sind sie doch von höherer Nährstoffdichte, was bedeutet, dass eine Katze davon nicht so viel fressen muss, um ihre Nährstoffbedürfnisse abzudecken. Außerdem bekommt die Katze keine ernährungsbedingten Krankheiten, und Sie sparen zusätzliche Kosten für den Tierarzt.

Der Futterplatz

Eine Katze braucht zwei Futternäpfe für Nass- und Trockenfutter sowie einen Wassernapf. Bei mehreren Katzen sollte jede ihren eigenen Futternapf zur Verfügung haben, damit es keine Streitigkeiten gibt und niemand zu kurz kommt.

Näpfe für Trocken- und Nassfutter, Wassernapf

Näpfe aus Glas und Keramik können zerbrechen, und es besteht Verletzungsgefahr. Näpfe aus Kunststoff oder Chromargan sind unzerbrechlich und leicht zu reinigen, allerdings ist bei Kunststoff darauf zu achten, dass er keinen unangenehmen Geruch verströmt oder eine Geschmacksveränderung des Futters bewirkt, während Chromargan von manchen Katzen abgelehnt wird, weil die Spiegelung sie irritiert.

Bei Näpfen aus Chromargan kann die Spiegelung die Katze irritieren

Wichtig ist, dass die Näpfe wegen der Schnurrbarthaare eine breite Öffnung haben, flach und nicht zu tief sind und nicht rutschen, sondern einen sicheren Stand haben. Außerdem ist darauf zu achten, dass es keine scharfen Kanten gibt. Katzen fressen nicht gern aus tiefen Schalen, denn sie wollen während der Mahlzeit die Umgebung beobachten können, und ein hoher Rand kann zudem auf den Hals der Katze drücken und sie beim Schlucken behindern.

Futter- und Wassernapf sind etwas entfernt voneinander aufzustellen. Das Wasser sollte an einem ruhigen Platz und nicht unmittelbar neben dem Futter stehen, da Katzen in der Natur nach dem Fressen zu einer Wasserstelle wandern müssen. Das Wasser muss täglich, möglichst morgens und abends, erneuert werden.

Nach etwa 15 bis 20 Minuten sollte übrig gebliebenes Nassfutter entfernt werden. Frisches Wasser muss jederzeit erreichbar sein. Gefüttert werden sollte zweimal am Tag, möglichst immer zu den gleichen Zeiten. Angebrochenes Katzenfutter gehört in einen verschließbaren Plastikbehälter in den Kühlschrank und sollte nicht in der Metalldose bleiben. Vor dem nächsten Füttern muss es jedoch Zimmertemperatur haben oder kann einige Minuten im Wasserbad leicht erwärmt werden. Auch angebrochenes Trockenfutter muss in einem verschließbaren Beutel oder in einer luftdicht zu schließenden Dose aufbewahrt werden, um sein Aroma zu erhalten und kein Ungeziefer anzuziehen.

Nass- und Trockenfutter

Am besten wechseln Sie zwischen Nass- und Trockenfutter ab. Beim Dosenfutter ist darauf zu achten, dass es sich um Vollnahrung handelt, die alle nötigen Bestandteile enthält und nicht nur aus reinem Fleisch oder Fisch besteht. Zur Vermeidung von Über- oder Untergewicht ist es ratsam, die Tiere regelmäßig zu wiegen. Stellen Sie sich dafür mit Ihrer Katze auf dem Arm auf die Personenwaage und ziehen dann Ihr eigenes Körpergewicht vom angezeigten Wert ab.
Hochwertige Trockenfuttersorten enthalten eine Harnstein-Prophylaxe, um den Urin im idealen pH Bereich zu halten, ein System, um das Erbrechen von Haarballen zu minimieren sowie deren Ausscheidung über den Darm zu fördern. Weiterhin beinhalten sie ein Antioxidanzien-System mit einem erhöhten Vitamin E-Anteil, um den Schutz der Zellen vor freien Radikalen zu fördern und so den Alterungsprozess zu verzögern sowie das Immunsystem zu stärken.

Manche Katzen sind gewohnt, dass Trockenfutter an der Zunge kleben bleibt, was bei Nassfutter nicht funktioniert. Versuchen Sie, Ihrer Katze Nassfutter auf einer rauen Unterlage (Folie) zu servieren, um ihr die Nahrungsaufnahme so zu erleichtern.

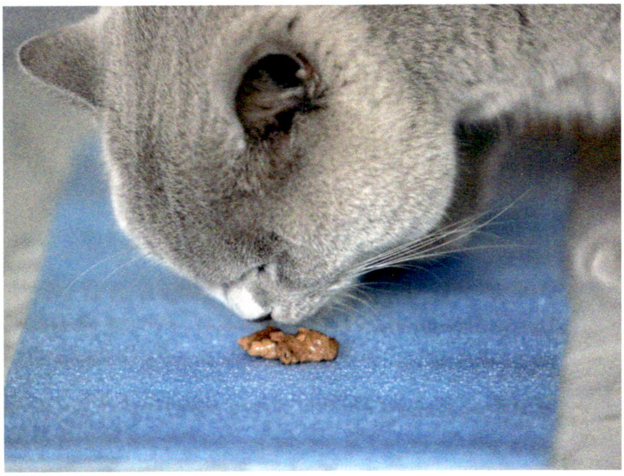

Diese Nahrung ist in Form, Größe und Konsistenz perfekt an Kiefer und Zähne der Katze angepasst und verhindert hastiges Schlingen, fördert die Arbeit der Kaumuskulatur und wirkt vorbeugend gegen Zahnstein. Ein hoher Anteil an essenziellen Fettsäuren, Spurenelementen und Vitaminen trägt zu einem dichten und glänzenden Fell bei. Das Futter muss eine hohe Verdaulichkeit besitzen und hochbekömmlich sein, sodass die Katze durch relativ kleine Mengen gesättigt wird, weniger Kot absetzt und Verdauungsprobleme wie zu weicher Stuhl oder Verstopfung reduziert werden.

Leckerchen

Um die beim Putzen verschluckten Haare wieder erbrechen zu können, brauchen Katzen Katzengras. Es gibt aber auch Malzprodukte, die bewirken, dass die aufgenommenen Haare über den Kot ausgeschieden werden. Es gibt sie als Paste oder als mit Malz gefüllte Crossies. Außerdem gibt es eine breite Palette an Leckerchen in verschiedenen Geschmacksrichtungen mit Vitamin-, Mineralien- sowie anderen Nährstoffergänzungen und auch speziell gegen Zahnsteinbildung.

Katzengras

Manche Wohnungskatzen fressen gern Gras und stillen ihr Verlangen notfalls an Zimmerpflanzen, die jedoch giftig sein können. In dem Fall sollte spezielles Katzengras in einem Blumentopf oder einer flachen Schale angeboten werden. Die pflanzlichen Fasern helfen der Katze, die bei der Fellpflege verschluckten Haare herauszuwürgen.

Wasser

Die Katze ist fähig, ihren Urin sehr stark zu konzentrieren. Diese Tatsache hat manchmal Nachteile, denn in diesem konzentrierten Harn können sich unter Umständen Kristalle bilden, die zu Blasenentzündungen oder sogar einer verstopften Harnröhre führen, was lebensbedrohlich ist. Wenn die Katze mit Nassfutter aus der Dose gefüttert wird, trinkt sie wahrscheinlich weniger, da dieses Futter ungefähr 80 % Flüssigkeit enthält. Bekommt sie jedoch Trockenfutter, muss ihr stets frisches Wasser in ausreichender Menge zur Verfügung stehen. Das gilt vor allem auch bei großer Hitze.
Das Wasser sollte nie zu kalt, sondern immer lauwarm sein. Es gibt

Katzen sollten immer frisches Wasser zur Verfügung haben.

Katzen, die lieber abgestandenes als frisches Wasser trinken. Es ist ebenfalls darauf zu achten, dass das Trinkwasser nicht zu stark gechlort ist oder zu viel Nitrat oder Kupfer enthält. Das Wasser sollte mindestens einmal, besser zweimal täglich ausgewechselt werden. Dabei ist der Trinknapf mit heißem Wasser auszuwaschen. Reinigungsmittel sollten nicht benutzt werden, da Rückstände bleiben sowie Geruch oder Geschmack des Wassers überlagert werden könnten.

Ernährungsbedingte Verhaltensprobleme

Hyperaktivität, Probleme der Bauchspeicheldrüse in Form von Diabetes oder der Nieren sowie Allergien werden von Katzenhaltern oftmals nicht erkannt und eher als Verhaltensauffälligkeit fehlinterpretiert. Häufig ist all das jedoch ernährungsbedingt und lässt sich in der Regel in den Griff bekommen, wenn die Katze nur noch hochwertige Nahrung erhält, die ihr Körper gut verwerten kann.
Bei Aggression, Nervosität oder extremer Ängstlichkeit ist jegliches Futter mit Zucker, Farbstoffen oder künstlichen Zusatzstoffen abzusetzen.

GOLDENE REGELN FÜR DIE FÜTTERUNG

1. Katzenfutter darf nie direkt aus dem Kühlschrank gefüttert werden, sondern sollte mindestens Zimmertemperatur haben.

2. Beachten Sie bei den Tagesrationen die Empfehlungen des Futterherstellers.

3. Füttern Sie möglichst zu festen Tageszeiten. Erwachsene Katzen sollten Sie ein- bis zweimal täglich füttern, ältere dreimal und Jungkatzen alle drei bis vier Stunden.

4. Katzen sind bedächtige Esser und schlingen ihr Futter nicht hinunter, sondern legen Pausen ein. Der Napf sollte etwa 15 bis 20 Minuten stehen bleiben, bevor die Reste entfernt werden und er mit heißem Wasser ausgespült wird. Übrig gebliebenes Trockenfutter sollte nicht länger als einen Tag stehen und dann ausgewechselt werden, da es neben seiner knackigen Konsistenz auch seinen Geruch verliert.

5. Frisches Wasser mit Zimmertemperatur muss immer zur Verfügung stehen, vor allem, wenn Trockenfutter gefüttert wird sowie bei großer Hitze. Das Wasser sollte an einem ruhigen Platz und nicht unmittelbar neben dem Futter stehen.

6. Verwenden Sie speziell für Katzen bestimmte Futter- und Wassernäpfe, die eine breite Öffnung haben, damit die empfindlichen Schnurrhaare nicht im Wege sind. Jede Katze braucht ihren eigenen Futternapf.

Katzen sollten nur mit hochwertigem Katzenfutter ernährt werden.

7. Milch ist ein Nahrungsmittel und kein Ersatz für Trinkwasser. Die meisten Katzen reagieren auf Mich mit Durchfall. Darum sollte nur spezielle Katzenmilch aus dem Fachhandel angeboten werden.

8. Menschliche Kost ist für Katzen tabu. Knochen, gewürzte Speisen, Süßigkeiten und Hundefutter sind keine Katzennahrung und führen zu Mangelerscheinungen und Krankheit.

9. Auch Katzen, die Mäuse jagen, brauchen normale Futterrationen.

10. Bitte stören Sie die Katze während der Mahlzeit nicht. Anschließend sollte sie die Gelegenheit zur Fellpflege sowie einem Nickerchen haben.

Auch Mäusejäger brauchen zusätzliches Futter.

DIE BESCHÄFTIGUNG MIT DER KATZE

DIE ERZIEHUNG

Lernen hilft Katzen beim Überleben, macht ihr Leben sicherer, dient der Optimierung ihrer Lebensbedingungen und sichert ihnen Futter, Territorien sowie Sexualpartner. Darum können sie auch umlernen. In den ersten zwölf Wochen lernt eine junge Katze durch Beobachten und Nachahmen alle Fähigkeiten, die sie für ihr Sozialverhalten braucht, bleibt jedoch auf ihre Art ein Leben lang lernfähig.

Eine Katze kann allerdings nicht so erzogen werden wie ein Hund, sondern braucht viel Liebe, Geduld, Geschick, Konsequenz, Gelassenheit und Einfühlungsvermögen. Befehle sind tabu. Eine Katze macht nur mit, wenn sie motiviert ist und Sie ihre besonderen Vorlieben berücksichtigen.

Wie alle anderen Säugetiere agieren Katzen nur, wenn es sich für sie lohnt, und lernen durch Verknüpfungen am besten. Dabei wird ein Reiz mit einer Reaktion beantwortet und damit in Verbindung gebracht. Tritt dieser Reiz mit einer gewissen Regelmäßigkeit und Häufigkeit auf, erfolgt immer die gleiche Reaktion. Dabei handelt es sich um eine sogenannte Konditionierung. Außerdem gibt es noch die Methode von Versuch und Irrtum, wobei etwas durch Zufall von der Katze entdeckt und auf diese Weise erlernt wird.

Belohnung und Bestrafung

Bei Katzen wird das Lernen durch Belohnung und Bestrafung beeinflusst. Da es immer um die Optimierung des Lebens geht, wird ein Verhalten, das belohnt wird, häufiger gezeigt. Belohnungen fördern die Beziehung zwischen Katze und Mensch und stärken das Vertrauen. Zudem wird die Katze durch die positive Bestätigung motiviert.

Strafen dagegen belasten die Beziehung, und Vertrauen geht verloren. Eine Bestrafung vermittelt zudem keinerlei Informationen über das stattdessen erwünschte Verhalten und verursacht deshalb Stress. Es reicht einfach nicht, der Katze ein Verhalten wie bei-

Die Belohnung von erwünschtem Verhalten wirkt viel effektiver.

spielsweise das Kratzen am Sofa zu verbieten, ohne ihr eine andere akzeptable Kratzmöglichkeit wie einen Kratzbaum anzubieten. Katzen müssen kratzen. Das gehört zu ihren arttypischen Verhaltensweisen und dient der Krallenpflege, indem dabei die alten Krallenhüllen abgestreift werden. Außerdem ist es eine Kommunikationsform, da die Katze auf diese Weise sowohl eine Sicht- als auch eine Duftbotschaft hinterlässt, denn unter ihren Pfotenballen befinden sich entsprechende Drüsen.

Eine Bestrafung wirkt außerdem höchstens kurzfristig, und meist werden Probleme dadurch eher noch verstärkt. Klapse sowie harte Worte nimmt eine Katze übel. Sie vergisst diese negativen Erlebnisse nicht so schnell und bleibt danach lange Zeit misstrauisch. Sie verhält sich distanziert, abwartend, ängstlich und scheu. Dies kann sogar dazu führen, dass bestimmte Orte, gewisse Situationen oder aber Lebewesen, mit denen Negatives assoziiert wird, gemieden werden. Darum sollten Tadel und Strafen tabu sein. Sie können allerdings das Verhalten Ihrer Katze ganz gut beeinflussen, indem Sie bestimmte Gegenstände oder Orte unattraktiv und andere wiederum besonders einladend gestalten.

Außerdem ist der richtige Zeitpunkt für eine Bestrafung wichtig. Sie muss nämlich genau während des falschen Verhaltens und darf nie erst danach erfolgen. Da es meistens sekundenschnell abläuft, kommt eine Strafe eigentlich immer zu spät. Dann wird nämlich ein richtiges, gewolltes, normales Verhalten bestraft. Die Katze kann nur zeitgleich den Zusammenhang zwischen ihrer aktuellen Handlung und einer Strafe erkennen. Ansonsten versteht sie ganz einfach nicht, warum ihr Mensch laut schimpft und wütend ist. Entdecken Sie ein Vergehen erst beim Nachhausekommen, bringt die Katze Ihr Schimpfen mit Ihrer Rückkehr in Verbindung. Das

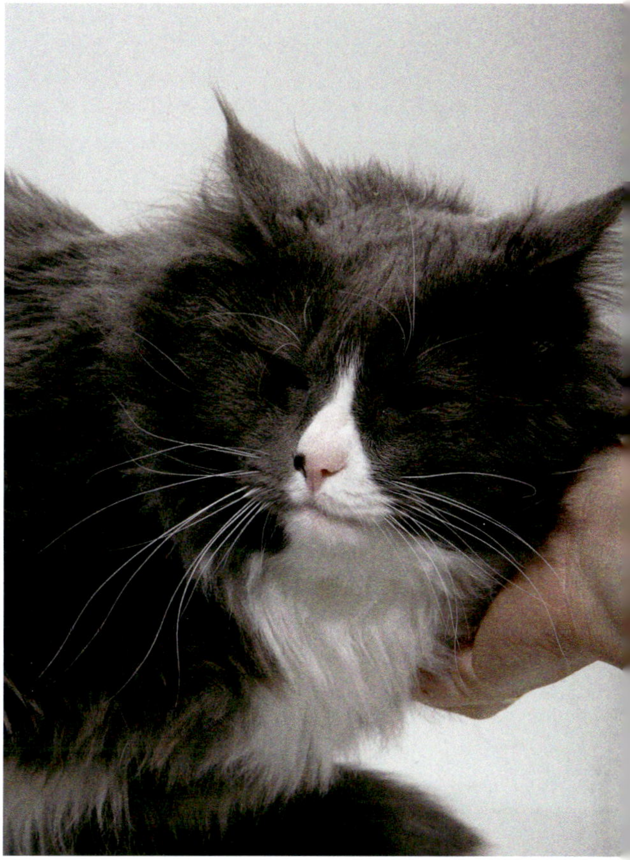

verunsichert die Katze natürlich, und sie entwickelt vielleicht erst recht Unarten.

Auch ein Lob wirkt nur dann positiv verstärkend, wenn es direkt während eines erwünschten Verhaltens erfolgt. Allerdings schadet es zumindest nicht, wenn es zu spät kommt. Mit Lob, Belohnung und Motivation werden erstaunliche Erziehungserfolge erzielt.

Die effektivste Methode ist, unerwünschtes Verhalten zu ignorieren und erwünschtes zu loben und zu belohnen. Die einzige empfehlenswerte Bestrafung ist ein lautes und strenges „Nein!", verbunden mit einem lauten Geräusch, das bei der Katze einen kurzen Schreck verursacht und somit ein unangenehmes Gefühl auslöst, das sie mit ihrem Verhalten verbindet. Nach dem Motto: Wenn ich das mache, fühle ich mich für einen Moment äußerst unwohl. Das kann ausreichen, damit die Katze dieses Verhalten lieber unterlässt. Es bringt außerdem Ihren Unwillen deutlich zum Ausdruck, sodass sie erkennen kann, dass es etwas Unerwünschtes ist.

Streicheleinheiten sind ein schönes Lob.

Bei manchen Katzen reicht ein Händeklatschen für einen kleinen Schreck jedoch nicht aus. Dann hilft es, kurz ein lauteres Geräusch zu machen, wie ein Buch auf den Tisch zu knallen, mit einer gefüllten Dose kurz zu rappeln oder ein Metallkettchen auf den Boden zu werfen.

Verhalten beeinflussen

Gute und schlechte Erfahrungen spielen eine große Rolle, da entweder mit einem bestimmten Verhalten oder einem Vorgang etwas Positives oder etwas Negatives verbunden wird. Das eine löst ein

Die Katze im Bücherregal

Öffnen Sie die Türe, weil die Katze daran kratzt, wird dieser Trick immer wieder angewandt.

Wiederholungs-, das andere eher ein Vermeidungsverhalten aus. Die Katze probiert verschiedene Vorgehensweisen aus, und führt eine zum Erfolg, wird sie diese in künftigen ähnlichen Situationen wieder anwenden. Dagegen wird sie bei einem wiederholten unangenehmen Erlebnis, wie beispielsweise einem kleinen Schreck in einer bestimmten Situation, das entsprechende Verhalten eher nicht mehr zeigen.

Es sollte der Katze allerdings nicht einfach ein Verhalten verboten werden, sondern ihr muss gleichzeitig eine andere Alternative angeboten werden, wobei sie gelobt werden sollte, wenn sie diese annimmt. Es ist also wichtig, nicht einfach etwas nur zu verbieten, sondern der Katze zu zeigen, was erlaubt und erwünscht ist. So lernt die Katze, was sie stattdessen tun darf oder soll, und macht positive Erfahrungen. Wenn ein erwünschtes Verhalten belohnt wird, lässt die Katze sich gern umlenken und lernt mit Begeisterung. Wenn ein bestimmtes Verhalten jedoch nur hin und wieder belohnt wird, dauert es länger, bis es erlernt wird.

Belohnen allein reicht jedoch auch nicht. Eine beliebte Versuchung muss möglichst verschwinden beziehungsweise unattraktiv gemacht werden. Hängen Sie lange Gardinen einfach für eine gewisse Zeit hoch, solange die Katze noch klein ist. Schieben Sie Bücher und Dekorationen ganz an die Wand, damit die Katze sie nicht so einfach hinunterwerfen kann. Beschweren Sie Blumenvasen mit

Steinchen, damit sie nicht umkippen, und decken Sie die Erde von Grünpflanzen scharrsicher ab.
Erfolgserlebnisse spielen eine weitere wichtige Rolle. Hat die Katze durch Miauen oder Kratzen an der Tür erreicht, dass diese geöffnet wird, wendet sie das Gelernte von nun an regelmäßig an. Sie ist zwar einerseits offen für neue Erfahrungen, aber andererseits schwer von gewohnten Verhaltensweisen, die sie einmal als richtig und erfolgreich empfunden hat, wieder abzubringen.

Konsequenz

Konsequenz ist bei der Erziehung einer Katze unerlässlich. Wenn sie nicht auf den Esstisch springen soll, darf ihr dies nicht ein einziges Mal erlaubt werden. Das gilt auch dann, wenn kein Essen darauf steht. Der Esstisch muss dann grundsätzlich tabu sein.
Eine Katze hat Angst vor Unbekanntem. Umgekehrt gibt ihr Vertrautheit ein Gefühl der Beständigkeit und der Sicherheit. Routine und feste Regeln sind für sie nicht langweilig, sondern erwünscht und wesentlich.
Wissenschaftliche Forschungen haben ergeben, dass eine Katze lernen kann, etwa 30 bis 50 unterschiedliche Worte der menschlichen Sprache zu verstehen. Das bedeutet nicht, dass sie den Sinn erfas-

Auch ungedeckt muss der Esstisch tabu sein, sonst ...

sen kann, aber sie bringt die Laute mit bestimmten Verhaltensweisen oder Gegenständen in Verbindung. Das gilt für ihren Namen, auf den sie mit der Zeit hört, für „Nein!“ oder Befehle wie „Komm her!“. Wichtig ist dabei natürlich, dass die Wortwahl immer die gleiche ist, damit sich die Katze daran gewöhnen und sie mit der entsprechenden Aufforderung verbinden kann.
Außerdem sollten die Befehle oder Mitteilungen immer möglichst wenige Worte haben, um es der Katze zu erleichtern, sie sich zu merken. Das gilt auch für einen Tadel. Am besten wird immer ein scharfes „Nein!“ benutzt. Konsequent dabei bleiben und nicht zwischendurch „Pfui!“ oder „Lass das!“ verwenden, denn das kann die Katze dann nicht einordnen.
Vollständige Sätze, womöglich sogar ganze Romane sind definitiv nicht geeignet. Die können Sie verwenden, wenn Sie mit der Katze einfach nur plaudern wollen, allerdings bitte ohne die Erwartungshaltung, dass alles verständlich bei ihr ankommt. Katzen erspüren unsere Emotionen, sie können vieles am Tonfall erkennen, aber die menschliche Sprache ist ihnen letztendlich ein ähnliches Rätsel wie die Katzensprache mit ihren zahlreichen Lautäußerungen für uns.

Namens-Training

Tierforscher empfehlen Katzennamen, die aus zwei Silben bestehen und keine Zischlaute (s, ss, sch, z) enthalten, wobei hohe, helle Töne (i) beliebter sind als tiefe, dunkle (o, u). Verwenden Sie den Namen immer in einem positiven Zusammenhang, wenn Sie die Katze streicheln oder mit Futter oder einem Leckerchen verwöhnen, und nie, wenn Sie mit ihr schimpfen oder ihr etwas verbieten. Sie soll lernen, ihren Namen mit positiven Gefühlen und Anlässen zu verbinden. Am besten rufen Sie die Katze, wenn sie aufmerksam ist, mit ihrem Namen und dem Zusatz „Komm“. Wenn sie dann kommt, streicheln Sie sie und belohnen sie mit einem Leckerbissen. Wiederholen Sie diese Übung möglichst erst wieder am nächsten Tag, da die Katze sonst ermüdet.

Kratzbaum-Training

Einer Katze müssen immer geeignete Kratzmöglichkeiten zur Verfügung stehen. Ein katzengerechter Kratz- und Kletterbaum muss standfest sein, und die Liegeplätze sollten groß genug sein, damit

Kratzmöglichkeiten an der richtigen Stelle schützen vor zerkratzten Tapeten.

sich die Katze darauf auch ausstrecken kann. Kratzbretter an der Wand, an denen die Katze sich aufrichtet, oder auf dem Boden liegende Kratzmatten sind ebenfalls beliebt. Der beste Standort ist in der Nähe des Schlafplatzes, denn die meisten Katzen kratzen gern nach dem Aufwachen, recken sich dabei und frischen ihre Markierungszeichen auf.

Sollte die Katze an einem bestimmten Möbelstück kratzen, so ist genau dort oder in unmittelbarer Nähe eine Kratzmöglichkeit zu positionieren. Kratzt eine Katze unverändert trotzdem immer wieder an Tisch- oder Stuhlbeinen, bevorzugt sie eventuell Holz ohne Sisal. Es ist übrigens zu unterscheiden, ob die Katze wirklich an Möbeln kratzt, um ihre Krallen zu schärfen sowie zu markieren, oder aber ob sie sich beim Laufen und Springen auf einer glatten Ledercouch lediglich mit ihren Krallen festhält, um nicht abzurut-

Die gemütliche Couch kann so vor Katzenkrallen geschützt werden.

schen. Das können Sie natürlich nicht unterbinden. Es sei denn, Sie verbieten der Katze von Anfang an, auf die Couch zu kommen. Am besten decken Sie diese mit einem etwas dickeren Stofftuch ab. Wer will schließlich schon auf Kuschelgesellschaft verzichten, wenn er es sich gemütlich gemacht hat? Von den enttäuschten und verständnislosen Blicken, die Sie ernten würden, ganz zu schweigen.

Pflege-Training

An Pflegemaßnahmen wie Bürsten, Kämmen, Reinigen der Augen, Ohren und die Zahnkontrolle sollte die Katze so bald wie möglich gewöhnt werden. Das dient nicht nur ihrer Gesundheit, sondern stärkt auch das Verhältnis zu Ihnen. Machen Sie sich bewusst, dass Ihre Katze jedes Haar, das Sie auskämmen, nicht hinunterschlucken muss. Am besten pflegen Sie sie regelmäßig zur gleichen Zeit, am gleichen Platz und in der gleichen Reihenfolge. Reden Sie mit der Katze und streicheln Sie sie ausgiebig. Beginnen Sie immer mit den eher angenehmen Stellen wie Kopf, Hals, Brust und hören Sie dann erst einmal auf. Führen Sie anfangs besser nur einen oder zwei Schritte aus, damit die Katze sich langsam daran gewöhnt, und steigern Sie dann täglich minutenweise. Die Katze sollte möglichst nicht von allein weggehen. Jede Sitzung sollte für sie positiv enden, indem sie ein Leckerchen bekommt, gestreichelt und gelobt wird.

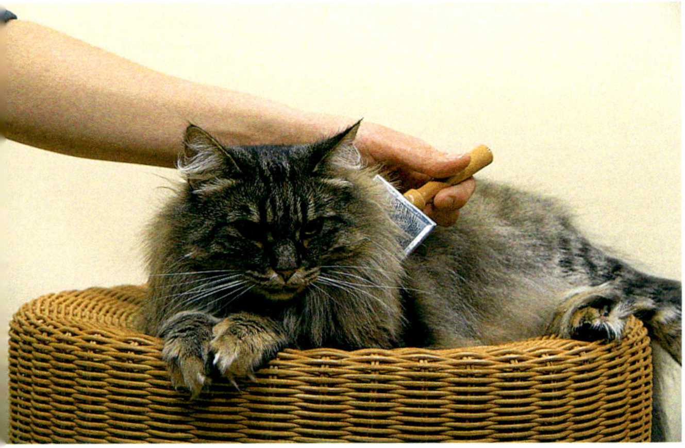

Diese Katze genießt die Fellpflege.

Transport-Training

Wenn die ersten Erfahrungen der Katze mit ihrem Transportkorb unangenehm sind, bekommt sie Angst davor. Sie sollte daher unbedingt Angenehmes damit verbinden. Am besten wird er schon vorher, beispielsweise am Abend vor dem Tierarztbesuch, offen in die Wohnung gestellt, sodass die Katze ausgiebig Zeit hat, ihn zu beschnuppern, zu erkunden und zwischendurch hineinzuklettern. Es

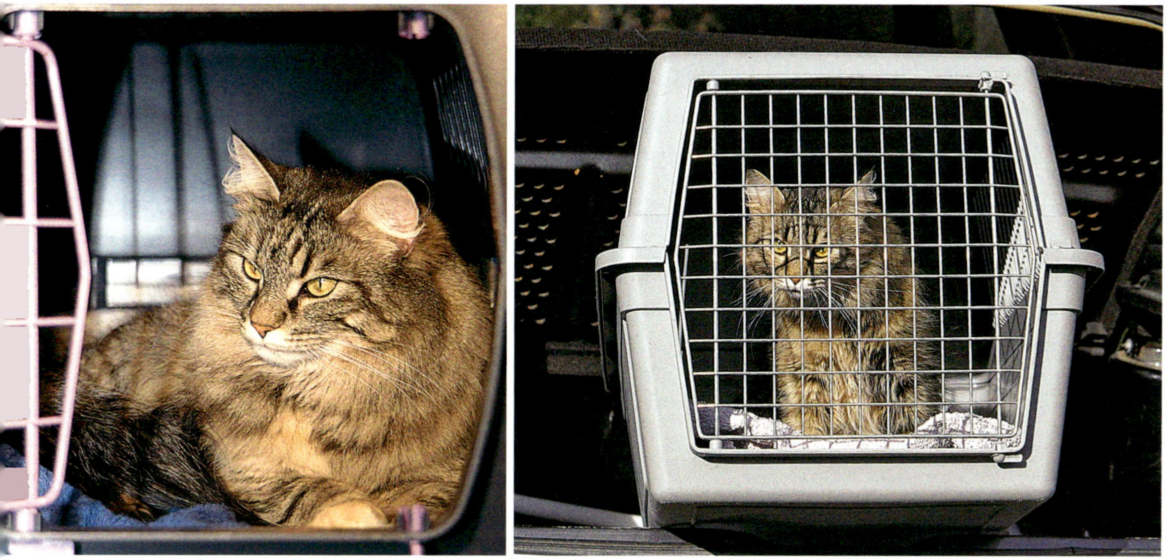

Man sollte Katzen stets auf angenehme Weise an den Transportkorb und ans Autofahren gewöhnen.

sollte immer ein weiches Polster und für den Tierarztbesuch noch ein Handtuch darin liegen. Vielleicht noch ein Lieblingsspielzeug oder etwas mit Ihrem vertrauten Geruch. Wenn die Zeit gekommen ist, setzen Sie die Katze möglichst nicht hinein, sondern locken sie, eventuell mit einem Leckerchen, sodass sie von selbst hineingeht. Schließen Sie dann sofort die Tür und reden Sie beruhigend mit ihr.

Auto-Training

Am besten gewöhnen Sie die Katze gleich am Anfang an das Autofahren, wobei das erste Erlebnis angenehm für sie sein sollte. Setzen Sie die Transportkiste anfangs am besten einfach nur kurz ins Auto, geben Sie der Katze ein Leckerchen und reden Sie mit ihr. Zurück in der Wohnung sollte die Katze sofort wieder aus dem Transportkorb herauskönnen sowie Lob und ein Leckercken bekommen. Beim nächsten Mal können Sie dann ein kurzes Stück fahren. Bei der Rückkehr loben und belohnen Sie die Katze wieder. Machen Sie ruhig ab und zu eine kleine Tour, damit die Katze das Autofahren nicht nur mit einem Tierarztbesuch verbindet.

Katzengesellschaft beim Frühstück ist nicht jedermanns Geschmack.

Bettel-Training

Anfangs ist es vielleicht noch süß, wenn die Katze um Futter bettelt. Mit der Zeit wird es jedoch zu einer lästigen Gewohnheit, vor allem wenn Gäste da sind. Darum sollte die Katze am besten immer zeitgleich mit Ihnen ihr Futter bekommen. So ist sie bestens versorgt. Grundsätzlich darf sie niemand, auch kein Besucher, vom Tisch füttern, zumal menschliche Nahrung für sie sehr ungesund ist. Ein scharfes „Nein!" und dann Ignorieren wirkt am besten. Wenn alles nicht hilft, muss die Katze das Zimmer verlassen.

Übrigens, eine Katze, die niemals etwas vom Tisch oder von menschlicher Nahrung bekommen hat, kommt gar nicht auf die Idee zu betteln. Warum sich also ein Problem schaffen, wenn es ansonsten gar nicht erst entstehen würde?

Erziehungsregeln

Eines vorweg: Eine Unart ist niemals eine böswillige Aktion der Katze, sondern eine Reaktion auf ein Fehlverhalten des Menschen oder eine Veränderung in ihrem Umfeld.

Setzen Sie Verbote deutlich und mit Bestimmtheit durch, aber niemals mit Schreien, Schlagen oder womöglich Einsperren. Ein solches Verhalten führt niemals zum gewünschten Erfolg, und die Katze wird dadurch verstört, ängstlich oder aggressiv. Schlagen, auch mit einer zusammengefalteten Zeitung oder ähnlichem, kann eine Katze handscheu und verhaltensauffällig machen.

Die Katze darf auch nicht bei Unsauberkeit bestraft werden, denn

Gleiches Recht für alle! Alle oder keiner.

sie hätte ja gern die Toilette benutzt, wenn sie nicht entscheidende Gründe davon abgehalten hätten. Bei einer Bestrafung glaubt sie unter Umständen, dass ihr Mensch nicht will, dass sie uriniert, und bekommt erst recht Angst vor der Katzentoilette oder hält den Urin zurück, was zu gesundheitlichen Schäden führt. Außerdem verursacht ein solches Vorgehen großen Stress, verstärkt nur das Problem und beschädigt das Verhältnis zum Menschen.
Was einmal verboten ist, muss immer verboten sein und darf zwischendurch nicht einmal erlaubt werden. Dabei gilt natürlich: Gleiches Recht für alle! Es geht nicht, dass die eine Katze auf die Couch darf und die andere nicht oder der Hund vom Tisch gefüttert wird, während der Katze das Betteln verboten wird.
Artgerechte Bedürfnisse wie Kratzen oder Spielen kann man der Katze nicht abgewöhnen, sondern nur in andere Bahnen lenken.

Erziehungsmaßnahmen

Katzen lernen schnell, solange Sie gewisse grundlegende Prinzipien der Erziehung einhalten und ständig befolgen. Katzen reagieren auf das, was ihre Neugier und ihr Interesse weckt. Es ist daher notwendig, natürliche Neigungen der Katze in das Erziehungsprogramm einzubauen. Katzen mögen in der Regel Futter, Streicheleinheiten und Gesellschaft, während sie Wasser, unangenehme Gerüche und laute Geräusche eher ablehnen. Es gibt aber auch ganz individuelle Vorlieben und Abneigungen.

Katzenerziehung ist sinnvoll und angemessen einzusetzen, denn übertriebene Reaktionen können die Katze verschrecken, sodass sie eher Angst bekommt, anstatt sich etwas abzugewöhnen. Eine Katze verbindet eine unangenehme Erfahrung nur mit ihrem unmittelbaren Tun und darf deshalb nur während der unerwünschten Handlung geschimpft werden.

Um eine Katze an einer Handlung zu hindern, genügt in der Regel ein knallendes Händeklatschen und/oder ein scharfes **„NEIN!“**. Der Tonfall ist entscheidend, denn so erkennt die Katze genau, dass ihr Verhalten unerwünscht ist. Dieses Vorgehen erfolgt möglichst bereits, während die Katze beispielsweise Anstalten macht, auf den Tisch zu springen. Loben Sie sie, wenn sie daraufhin von ihrem Vorhaben ablässt. Ist sie bereits auf dem Tisch, heben Sie sie mit einem scharfen **„NEIN“** herunter. Die Bedeutung bestimmter, an sie gerichteter Gesten verstehen Katzen schnell. So können Sie zusammen mit dem strengen **„NEIN“** den Zeigefinger tadelnd erheben. Bei dieser Kombination weiß die Katze dann zukünftig sofort Bescheid.

Wenn eine Katze beispielsweise beim Spielen kratzt oder sich in Ihren Fuß krallt, reicht meistens ein lautes klagendes, aber nicht aggressives „Aua“. Die Katze erkennt diesen Schmerzensruf genauso wie wir Menschen ihren, wenn wir ihr aus Versehen auf den Schwanz getreten sind. In der Regel wird sie sofort aufhören. Tut sie das nicht, ist das Spiel sofort zu beenden. Die Katze muss lernen, dass Menschen kein schützendes Fell haben und darum empfindlicher sind. Außerdem muss sie erfahren, dass dieses Verhalten bewirkt, dass der Mensch das Spiel abbricht und sie nicht weiter in diesen Genuss kommt.

Für Lob und Tadel gilt: Es muss noch während der Ausführung der Handlung erfolgen und nicht erst im Nachhinein, da die Katze sonst den Zusammenhang nicht erkennen kann.

Reaktionen der Katze

Sieht die Katze Sie nach einem Tadel mit schmalen, blinzelnden Augen an oder wendet sie sich ab und dreht Ihnen demonstrativ den Rücken zu, ist das keineswegs eine Missachtung Ihrer Person oder ein „beleidigtes" Wegdrehen, sondern eine Bestätigung und Akzeptanz Ihrer Überlegenheit. Katzen empfinden soziale Unterlegenheit sehr deutlich, wobei der Unterlegene dem Überlegenen nicht in die Augen schauen darf. Die Katze will Sie daher in diesem Moment nicht durch Blickkontakt provozieren. Ihre Verärgerung ist also voll und ganz bei ihr angekommen.

Hier kommt es leider sehr häufig zu Missverständnissen, da die meisten Halter dieses Verhalten eher menschlich deuten. Das ist eine Gefahr, die nicht zu unterschätzen ist, da der Katze damit bitter unrecht getan wird. Oftmals bedeutet es wirklich genau das Gegenteil von dem, was ihr unterstellt wird. Seien Sie also bitte unbedingt vorsichtig damit, etwas in Ihre Katze hineinzuinterpretieren beziehungsweise menschliche Maßstäbe an kätzisches Verhalten anzulegen.

Katzen lernen und verstehen leicht, was erlaubt ist und was nicht. Sie sehen nur nicht immer ein, warum sie Verbote befolgen sollen, da sie den Sinn nicht erkennen. Vor allem, wenn etwas doch richtig Spaß macht, wie beispielsweise an der Gardine zu klettern oder

Beschwichtigendes Blinzeln nach einem Tadel.

vom Tisch aus einen besseren Überblick zu genießen. Im Beisein ihres Menschen wird sie sich dann oftmals seinen Wünschen fügen, um Konflikten aus dem Weg zu gehen. Wenn er jedoch nicht anwesend ist, sieht das vielleicht wieder anders aus.

Katzen haben keine Schuldgefühle, denn für sie ist das, was sie tun, wie beispielsweise zu kratzen, normal und nichts „Böses". Sie verknüpfen also eine Strafe dafür nicht nur mit dem Kratzen, sondern auch mit dem Menschen, von dem diese Strafe ausgeht. Die Katze wird es weiterhin tun, weil es ihre Natur ist, aber Angst haben, dabei erwischt zu werden. Das Problem löst sich nicht, sondern verstärkt sich eher. Katzentypisches Verhalten darf daher nicht einfach unterbunden werden, ohne eine akzeptable Alternative anzubieten. Keine Katze hat auch nur eine leise Ahnung von menschlichen Wertvorstellungen, Moral, Recht und Unrecht. Sie ist eine Katze, und sie benimmt sich wie eine Katze. Sie will nicht menschlichen Vorstellungen entsprechen, aber den Menschen auch nicht absichtlich ärgern. Sie ist einzig und allein nur auf ihren Vorteil oder Erfolg bedacht – so wie wir Menschen eigentlich auch.

„Ist doch sooo gemütlich! Warum sollen wir aufstehen?"

GOLDENE REGELN FÜR DIE ERZIEHUNG

1. Je früher Sie mit der Erziehung beginnen, desto weniger Probleme gibt es.

2. Erwünschtes Verhalten sollte immer gelobt und belohnt werden.

3. Anschreien und Bestrafen bringen nichts. Halten Sie die Katze niemals mit Gewalt fest oder zwingen Sie sie zu etwas. Sie bekommt nur Angst, und Probleme werden dadurch eher verstärkt.

4. Bringen Sie der Katze die Regeln im Miteinander und die damit verbundenen Worte bei, vor allem die Bedeutung von „Nein!“. Benutzen Sie dabei immer die gleichen Begriffe und die gleiche Wortfolge.

5. Bleiben Sie konsequent! Was heute verboten ist, darf morgen nicht erlaubt sein. Machen Sie nicht ein einziges Mal eine Ausnahme!

6. Lob und Tadel müssen immer zeitgleich mit dem entsprechenden Verhalten erfolgen, da die Katze sonst den Zusammenhang nicht erkennen kann.

7. Machen Sie den Ort eines unerwünschten Verhaltens unattraktiv für die Katze und bieten Sie ihr eine angemessene Alternative an.

8. Lernen Sie die Bedürfnisse Ihrer Katze kennen (Kratzen, Markieren, Klettern, Spielen usw.) und sorgen Sie dafür, dass sie diese angemessen befriedigen kann.

9. Versetzen Sie der Katze während eines unerwünschten Verhaltens durch ein lautes Geräusch einen kleinen Schreck, denn sie lernt aus Erfahrungen.

10. Schaffen Sie Routine, denn Katzen lieben geregelte Tagesabläufe und lernen rasch, sich auf gewisse Regelmäßigkeiten einzustellen.

Klettern und Kratzen sind kätzische Bedürfnisse.

DAS SPIELEN

Katzen kennen und lieben zwei unterschiedliche Spielarten: die auf einen Sozialpartner bezogenen Spielformen und die Objektspiele. Zu den Spielformen mit einem Sozialpartner gehören Verhaltensweisen, die einen Artgenossen oder einen Menschen zum Spielen auffordern und eine Interaktion stattfinden lassen. Je mehr Spielanreize eine Katze vom Menschen erhält, umso intelligenter und geschickter wird sie.

Bei den Objektspielen richtet sich die Aufmerksamkeit der Katze auf die unterschiedlichsten Gegenstände, wie Papierbälle oder Wollknäuel sowie Plüschnachbildungen von Beutetieren.

Katzen sind von Natur aus Lauerjäger. Das bedeutet, dass sie ihre Beutetiere beobachten und sich an sie heranschleichen, um sie schließlich anzuspringen und zu fangen. Wird ihr instinktiver Jagdtrieb unterdrückt beziehungsweise kann nicht angemessen ausgelebt werden, benutzt die Katze Ersatzhandlungen. Der Jagdtrieb wird durch bestimmte Schlüsselreize ausgelöst, und wenn diese fehlen oder nur sehr selten auftauchen, reagiert die Katze einfach auf ähnliche Reize. Sie jagt dann beispielsweise keine flüchtende Maus, sondern die Beine ihres Menschen, die sich ähnlich hin und her bewegen, oder sie wirft stellvertretend für eine echte Maus eine aus Plüsch oder einen Papierball durch die Luft und

Das Sozialspiel mit einem Artgenossen, rechts daneben Objektspiel mit einer Plüschmaus

Beim Anschleichen an eine Beute

greift mit der Pfote danach. Dieser Spieltrieb, der dann den Jagdtrieb ersetzt, dient darüber hinaus als Training ihrer körperlichen Fähigkeiten sowie der entsprechenden Geschicklichkeit. Die Katze muss schließlich für den Ernstfall in Übung bleiben.

Findet sich über einen gewissen Zeitraum kein geeigneter Gegenstand oder Partner zum Spielen, toben Katzen ihre Spiellust in sogenannten Leerlaufspielen aus. Das heißt, sie spielen mit Dingen, die nur in ihrer Einbildung vorhanden sind. Dabei springt die Katze beispielsweise an der Wand hoch und fängt eine eingebildete Fliege oder rollt mit ihren Pfoten etwas Unsichtbares vor sich her über den Boden. Auch die berühmten „dollen fünf Minuten“ zählen dazu, in denen die Katze wie verrückt durch die Gegend rennt, über Tische und Stühle, als sei jemand hinter ihr her. Das ist einfach unerlässlich, um die Jagdenergie, die sich aufgestaut hat, abreagieren zu können.

Es ist regelrecht gefährlich, diesen Trieb zu unterdrücken. Katzen, die an solchen Ersatzhandlungen gehindert werden, entwickeln Verhaltensauffälligkeiten wie Unsauberkeit, Vorhänge zerreißen oder Blumentöpfe umwerfen, weil diese Energie einfach aufgelöst werden muss.

Spiele für Wohnungskatzen

Während Katzen mit Auslauf draußen ihren Jagd- und Spieltrieb befriedigen können, sind reine Wohnungskatzen darauf angewiesen, dass ihr Mensch sich ausgiebig mit ihnen beschäftigt. Katzen, die draußen jagen, spielen mit ihrer gefangenen Beute, schleudern sie hoch, lassen sie vielleicht sogar noch einmal weglaufen, packen sie wieder und stupsen sie sogleich mit den Pfoten erneut an, um Fluchtreaktionen zu provozieren. Auf diese Weise baut die Katze die während des Anschleichens und Belauerns aufgestaute Erregung ab, vermeidet Stress und trainiert zugleich ihre Geschicklichkeit.

Wohnungskatzen dagegen, die womöglich alleine gehalten werden und deren Mensch häufig nicht da ist, fühlen sich einsam und langweilen sich. Je intelligenter eine Katze ist, umso mehr leidet sie unter fehlender Aktivität und kann schwere Verhaltensauffälligkeiten entwickeln, wie beispielsweise Aggressivität oder Zerstörungswut, weil sie ihre aufgestauten Energien nicht wirklich loswerden kann. Es gibt aber auch Wohnungskatzen, die stattdessen abstumpfen, völlig teilnahmslos werden und für die Fressen zur Ersatzbefriedigung wird, was dann zu krankhaftem Übergewicht führt. Eine Wohnungskatze muss erheblich mehr spielen als eine Katze mit Auslauf, was bedeutet, dass sie täglich viel Beschäftigung und Zuwendung braucht sowie eine katzengerecht gestaltete Wohnung

Eine Freigängerkatze beim Jagen, rechts daneben eine Katze mit Spielbeute

mit vielen Versteck- und Klettermöglichkeiten. Sie braucht das interaktive Spielen mit dem Menschen, um Langeweile, Übergewicht, Hyperaktivität und Aggression zu vermeiden. Wenn Sie berufstätig sind und nicht so viel Zeit aufbringen können, sollten Sie auf jeden Fall eine zweite Katze anschaffen, damit wenigstens Gesellschaft vorhanden ist.

Interaktives Spielen

Das Wichtigste bei allen Spielaktivitäten mit der Katze ist Bewegung, denn nur sich bewegende Beute ist lebendig und löst einen entsprechenden Reiz aus. „Beute" ist für die Katze jeder kleinere, sich von ihr wegbewegende Gegenstand, wobei Form und Farbe ohne besondere Bedeutung sind. Am intensivsten reizen Gegenstände, die etwa die Größe einer Maus haben, wobei einige Katzen lieber kleinere Dinge vorziehen und vor größeren zurückschrecken.

Bei allen Ersatzhandlungen spielt die Richtung, in die sich das Objekt bewegt, eine wesentliche Rolle. Gegenstände, die sich in einer geraden Linie oder aber quer von der Katze wegbewegen, werden von ihr besonders intensiv verfolgt. Dinge, die sich auf die Katze zubewegen, lösen mehr oder weniger eher intensive Abwehrreaktionen aus. Welches Beutetier ist schon so mutig oder dreist, sich freiwillig der Katzenschnauze zu nähern? Die Katze richtet sich dann häufig auf den Hinterpfoten auf und weicht manchmal auch etwas zurück oder springt mit einem Satz zur Seite. Sie ist irritiert und empfindet dies eher als Angriff. Sie sollten also beim Spielen darauf achten, dass Sie den Spielgegenstand nur geradlinig von der Katze wegbewegen und vielleicht zwischendurch dezent seine Richtung ändern. Auch alles, was zuckt, zappelt, springt, rollt oder fliegt, ist äußerst interessant.

Erst wird „nur" beobachtet, dann erfolgt urplötzlich der Zugriff.

Wenn Katzen ihre Spielaufforderungen „nur“ beobachten, sind viele Menschen enttäuscht, denn sie erhoffen sich einen zügigen Angriff als Belohnung ihrer Bemühungen. Sie dürfen nicht die Geduld verlieren und irrtümlich glauben, die Katze habe keine Lust zu spielen. Da Katzen Lauerjäger sind, gehören das Beobachten jeder kleinsten Bewegung und das Lauschen auf das geringste Geräusch für sie bereits zum Jagdvorgang dazu. Der sichtbare finale Sprung ist nur das Ende einer langen Reaktionskette. Die Katze ist also auf jeden Fall äußerst interessiert und bis in die Haarspitzen gespannt, sodass Sie dieses Vergnügen für sie bitte nicht vorzeitig abbrechen sollten, nur weil Ihnen das Erfolgserlebnis zu lange dauert.

Wenn eine Katze gar nicht reagiert, bewegen Sie das Objekt wahrscheinlich zu heftig oder zu wenig, es hängt zu hoch oder ist zu nah, es ist zu groß oder zu klein, oder aber es riecht einfach unangenehm.

„Was ist da los? Das hört sich ja sehr interessant an.“

Außer den optischen Reizen lösen auch bestimmte Geräusche, wie leicht kratzende und scharrende sowie knisternde, raschelnde oder piepsende, eine instinktive Handlung bei der Katze aus. Sie lokalisiert solche Geräusche, blickt in die entsprechende Richtung und hält kurze Zeit inne, um sich dann dieser Geräuschquelle zu nähern.

Katzen entwickeln oftmals ganz individuelle Vorlieben für bestimmte Spiele oder Verstecke, und ihre Spielgewohnheiten sind genauso unterschiedlich wie ihr Intelligenzgrad. Probieren Sie deshalb unterschiedliches Spielzeug aus und entdecken Sie zusammen mit der Katze neue Spiele, die zu ihrem Wesen passen. Auch das Spielbedürfnis ist verschieden stark ausgeprägt und abhängig von der generellen Abwechslung, dem Alter, dem Gesundheitszustand sowie der Rasse.

Wurfspiele

Tischtennisbälle sowie Gummi- oder Schaumstoffbälle aus dem Zoofachhandel sind begehrte Objekte, wenn sie vom Menschen geworfen oder auch gerollt werden. Das gilt ebenso für eine Plüschmaus oder ein ähnliches Spielobjekt, das bewegt wird. Sie können aber genauso gut knisterndes oder raschelndes Papier nehmen oder Alufolie zu einem Bällchen zusammenknüllen. Beliebt sind ebenfalls ungekochte Nudeln, Eicheln, Kastanien oder Nüsse, die von der Katze am liebsten über glatte Fliesen gekickt werden.

Eine Auswahl an möglichen Spielobjekten

Sie können auch einen kleinen Ball, am besten aus Gummi, in die leere Badewanne werfen. Der Ball hüpft und rollt in der Wanne herum und die Katze springt hinterher.

Ziehspiele

Für die Katze ist es ebenfalls interessant, wenn Sie eine Spielmaus oder Spielzeug an einer Schnur hinter sich herziehen oder einfach ein Band oder ein Tau. Sie können auch einen Korken, der an einer langen Schnur hängt, herumfliegen lassen oder ihn ruckweise über den Boden ziehen. Spannend wird es für Katzen, wenn der Spielgegenstand zwischendurch stoppt, sich erst nur wenig und dann ganz schnell bewegt, wenn sie angreift. Das gilt auch, wenn etwas an Stuhl- und Tischbeinen, Regalfächern, Türen, Papierkörben hochgezogen wird sowie in Höhlen wie Taschen, Körbe, Kartons, Röhren hinein oder unter einer Decke bewegt wird. Der Zugriff der Katze erfolgt meistens kurz bevor das Jagdobjekt hinter oder unter einem Hindernis, um die Ecke oder in einer Öffnung zu verschwinden droht.

Angelspiele

An der Türklinke aufgehängtes Spielzeug lässt sich prima fangen.

Es gibt spezielle Katzenangeln, die aus einem Stab mit einer Gummischnur bestehen, an der etwas baumelt. Es gibt sie auch mit einem langen Plüschschwanz oder Lederstreifen. Damit können Sie die Katze zu wilden Verfolgungsjagden und Sprüngen animieren. Sie können außerdem ein Spielzeug an einem Gummiband befestigen und es zum Beispiel an der Türklinke aufhängen.

Damit die Katze richtig angeln kann, können Sie in einer Schüssel mit Wasser ein paar Korken oder (ungiftige) Blätter schwimmen lassen.

Versteckspiele

Katzen brauchen möglichst viele Versteckmöglichkeiten in Form von Höhlen, in die sie hineinkriechen können, wie Einkaufskörbe, leere Kartons oder Schachteln, Papiertüten ohne Henkel (!) oder vielleicht auch einen offenen Schrank. Vorsicht ist bei Plastiktüten geboten, da die Katze sich darin so verwickeln kann, dass sie erstickt oder aber mit dem Kopf in den Trageöffnungen stecken bleibt. Die Katze also niemals unbeaufsichtigt damit spielen und solche Tüten auch nie einfach herumliegen lassen. Eine aufgestellte Zeitung, gefaltet wie ein Dach, ist ebenfalls ein interessantes Versteck.

Aus diesem herrlichen Versteck lässt es sich gut beobachten

Raschelndes Seiden- oder einfaches Einpackpapier eignet sich dazu, es vorsichtig über die Katze zu legen, sodass sie nichts mehr

sieht, und sie dann von außen an unterschiedlichen Stellen leicht anzutippen. Sie wird dann sofort mit der Pfote dorthin schlagen. Anschließend bietet es sich an, das Papier langsam von der Katze weg über den Boden zu ziehen. Daraufhin will sie es mit den Pfoten festhalten und Sie können ein bisschen daran zerren. Dieses „Zappeln der Beute" fasziniert die Katze, und sie krallt und beißt mit Wonne in das Papier.

Die Katze wird, unter einer Folie liegend, von außen angetippt.

Wenn Sie etwas vor den Augen der Katze unter einer Decke oder einem Handtuch verstecken, weckt dies ihren Jagdtrieb. Verlockender ist es natürlich, wenn sich der Gegenstand in seinem Versteck zusätzlich bewegt und sie sich auf die Ausbuchtung stürzen kann. Dazu müssen Sie jedoch meist die eigene Hand benutzen und sollten darum darauf achten, dass das Handtuch oder die Decke dick genug sind, um sich vor den Krallen der Katze zu schützen Es geht aber auch mit einem Stock oder einem Spielzeug, das sich an einem Band ziehend bewegen lässt.
Höhlen sind sowohl zum Hineinkriechen als auch, um etwas daraus hervorzuholen, spannend für die Katze. Sie können einfach einen Karton oder eine Schachtel nehmen und verschieden große Löcher hineinschneiden. Die Katze kann dann entweder selbst hineinschlüpfen oder aber mit der Pfote hineinangeln. Natürlich sollten Sie dann vorher etwas darin verstecken.

Gefahren beim Spielen

Bei Spielzeug ist immer darauf zu achten, dass es farbecht ist, keine Lösungsmittel oder ähnliches enthält, keine spitzen oder scharfen Kanten hat und sich nichts ablösen oder abgebissen werden kann, was die Katze verschlucken könnte oder was ihr im Rachen stecken bleibt. Sie darf sich nicht verletzen oder vergiften können. Vorsicht ist ebenfalls beim Spielen mit einem Wollknäuel geboten, da sich die Fäden um den Hals der Katze wickeln und sie daran ersticken könnte. Auch an aufgehängtem Spielzeug darf sich die Katze nicht verfangen können, weil sonst Strangulationsgefahr droht. Wird das Spiel zu ausgelassen und wild, kann es passieren, dass Sie die Krallen der Katze zu spüren bekommen, was jedoch nicht wirklich böse gemeint ist. Ein lautes, klagendes, aber nicht aggressives „Aua!" zeigt der Katze, dass dieses Verhalten nicht erwünscht ist. Danach lenken Sie das Spiel am besten auf einen Gegenstand, an dem sie sich abreagieren kann.

Meistens geschieht das Kratzen dann, wenn Sie mit einem kleinen Gegenstand wedeln, nach dem die Katze instinktiv mit ausgefahrenen Krallen greift, denn sonst kann sie ihn ja nicht festhalten, oder wenn Sie Ihre Hand als Spielgegenstand benutzen. Die Fingernägel der Katze sind nun einfach einmal viel schärfer als unsere. Darum muss einkalkuliert werden, dass die Katze mit ihren Krallen nach der Scheinbeute greift, denn nur so kann sie zupacken und sie fangen.

Es kann aber auch sein, dass die Stimmung der Katze beim Spielen oder Schmusen plötzlich umschlägt und sie das Bedürfnis hat, zu kratzen oder zu beißen. Sie reagiert damit einfach katzengerecht und behandelt Sie wie ihresgleichen, da auch beim Spielen mit Artgenossen plötzlich Tatzenhiebe ausgeteilt werden, um sich wieder die nötige Distanz zu verschaffen. Sie sollten die Katze darum beim Spielen genau beobachten und bereits die kleinsten Anzeichen von Unmut beachten.

Das Spielen mit einem Wollknäuel kann gefährlich sein.

Geeignetes Spielzeug

Jede Katze reagiert völlig unterschiedlich. Die eine beschäftigt sich intensiv mit einer Fellmaus oder einem Gummiball und ist begeistert von einer Katzenangel. Eine andere ignoriert die teuerste Anschaffung und beschäftigt sich am liebsten mit raschelndem Papier, einem Korken oder einer Eichel. Die eine gerät beim Spielen mit einem mit Catnip (Katzenminze) oder Baldrian gefüllten Säckchen in Ekstase, während die andere es gar nicht beachtet. Finden Sie die Vorlieben Ihrer Katze heraus!

Das schönste Spielzeug nützt allerdings nichts, wenn der Katze die persönliche Zuwendung fehlt und Sie nicht zusammen mit ihr damit spielen. Gibt es eine weitere oder sogar mehrere Katzen im Haushalt, werden diese sich zwar wahrscheinlich miteinander beschäftigen, aber trotzdem lieben und brauchen Katzen das Spiel mit ihrem menschlichen Partner. Natürlich ist unbedingt auch darauf zu achten, dass keine der Katzen zu kurz kommt. Es gibt nämlich häufig welche, die sich gern in den Vordergrund drängen, während andere sich dann nur noch trauen zu beobachten und nicht mehr aktiv mitwirken.

Kater im Rausch durch eine mit Baldrian gefüllte Plüschschlange

Vom Kauf eines Gerätes, das einen Laserpunkt an die Wand wirft, sollten Sie besser Abstand nehmen, da es gefährlich ist, falls die Katze in den Laserstrahl hineinschaut. Zudem ist es auf Dauer sehr frustrierend für sie, niemals einen Jagderfolg zu haben, denn sie jagt ja permanent nur einen Lichtpunkt und damit nichts anderes als Luft.

Tipps fürs Spielen

Es ist völlig normal, dass eine Katze nach einiger Zeit auch an dem attraktivsten Spielzeug die Lust verliert. Deshalb sollten Sie ihr mehrere, völlig unterschiedliche Spielobjekte anbieten. Das müssen keine teuren aus dem Fachhandel sein, sondern es können ru-

Gekauftes Spielzeug ist manchmal nicht wirklich interessant.

hig selbst gemachte beziehungsweise zweckentfremdete Alltagsgegenstände sein. Als Katzenspielzeug eignen sich unglaublich viele Dinge, und Sie sollten Ihrer Fantasie dabei einfach freien Lauf lassen. Die Spielsachen sollten im Abstand von einigen Tagen ausgetauscht werden, da sie ansonsten langweilig werden.

Katzen brauchen unbedingt Erfolgserlebnisse.

Ganz entscheidend ist, der Katze Erfolgserlebnisse zu verschaffen und nicht die „Beute“ ständig für sie unerreichbar zu machen, denn das führt zu Frustrationen. Auch ein abrupter Spielabbruch kann frustrierend für die Katze sein und auf sie wie eine Strafe wirken. Besser ist es, das Spiel langsam ausklingen zu lassen, wobei eine Spieleinheit möglichst mindestens fünfzehn Minuten dauern sollte. Anschließend ist es wichtig, der Katze die notwendige Ruhe zu gönnen. Natürlich darf sie auch nicht beim Schlafen gestört werden, um sie zum Spiel aufzufordern.

Lässt eine Katze sich über einen längeren Zeitraum nicht zum Spielen animieren und wirkt generell lustlos, stimmt etwas nicht mir ihr. Dies kann ein Anzeichen für gesundheitliche Probleme, Schmerzen oder erhebliches Übergewicht sein. Sie sollten die Katze dann einmal vom Tierarzt untersuchen lassen. Der Spieltrieb hält übrigens bis ins hohe Alter an. Die Katze lässt es dann aber eher etwas ruhiger und nicht mehr so wild angehen.

Spielen als Therapie

Es gibt Katzen, die aggressiv, eifersüchtig, scheu oder ängstlich sind. In vielen Fällen hilft dann bereits große Geduld, Konsequenz sowie die intensive Beschäftigung mit der Katze. Aggressivität entsteht beispielsweise oft aus einem Erregungsstau, der einfach ein Ventil braucht. Durch turbulente Spieleinheiten kann sich die Katze richtig auspowern, und die überschüssige Energie wird dadurch viel besser aufgelöst.

Spielen kann als Therapie eingesetzt werden.

Eine Spieltherapie kann in Kombination mit dem richtigen Diätfutter einer trägen Katze helfen, Gewicht zu verlieren, ihren Kreislauf zu stärken und ihre Lebenserwartung zu verlängern. Bei ängstlichen Katzen kann das Spielen dazu beitragen, dass sie ihre Umgebung als weniger bedrohlich empfinden und durch die Erfolgserlebnisse dabei mehr Selbstsicherheit erlangen. Nervöse Katzen können durch Spielen abgelenkt werden, um Stress abzubauen. Depressive Katzen können dadurch mehr Selbstvertrauen aufbauen und ihren Lebenswillen zurückgewinnen.

Eine Spieltherapie verhindert Langeweile, verbessert die Gesundheit und reduziert Stress. Da dabei Spielzeug mit einbezogen wird, das Sie bewegen müssen, wird das Band zwischen Ihnen und Ihrer Katze wachsen und stärker werden. Gerade bei nervösen, aggressiven oder gelangweilten Katzen ist eine emotionale Bindung an ihren Menschen notwendig. Sie haben dabei die Möglichkeit, genau das richtige Spielzeug auszuwählen und es abhängig von den Bedürfnissen Ihrer Katze einzusetzen. Es kann entweder dazu benutzt werden, zu vermehrter Aktivität anzuregen, Aggressionen abzubauen oder aber Furcht zu lindern.

Spielen macht Spaß und hilft übergewichtigen Katzen beim Abnehmen.

Katzenspielzeug gibt es im Handel in Hülle und Fülle.

GOLDENE REGELN BEIM SPIELEN

1. Regelmäßiges interaktives Spielen mit der Katze ist unerlässlich, wobei mehrere Spielsequenzen besser sind als eine lange, ohne zu früh abzubrechen und die Katze dadurch zu frustrieren.

2. Zum Spielen sollten Sie nichts verwenden, was größer als ein Beutetier ist, und auch nichts zu Hartes, damit die Katze es ins Maul nehmen kann. Achten Sie dabei auch auf die Sicherheit.

3. Beim Spielen dürfen Sie nichts zu hektisch auf die Katze zubewegen, sondern immer von ihr weg, als ob die „Beute" weglaufen wollte.

4. Sie können Stoffmäuse, Bällchen oder andere kleine Gegenstände wie Eicheln werfen, hinter denen die Katze begeistert herjagt.

5. Sie können fertige Katzenangeln oder Stöcke, an denen etwas Baumelndes angebracht wird, vor der Katze bewegen, sodass sie danach hangeln kann. Eine solche Angel oder einen Strick können Sie auch während des Gehens hinter sich herziehen, um die Katze zur Verfolgung zu animieren.

6. Verstecken Sie etwas unter Papier, einem Handtuch oder einer Decke, was sich bewegt, eventuell sogar raschelt und zwischendurch hervorschaut. Benutzen Sie dazu nicht die eigene Hand, da sie den Krallen- und Beißangriffen der Katze wahrscheinlich nicht gewachsen ist.

7. Seien sie kreativ! Oftmals kommen Selbstgebasteltes oder zweckentfremdete Dinge wie ungekochte Nudeln oder eine leere Toilettenpapierrolle viel besser bei der Katze an als teuer gekauftes Spielzeug.

8. Das Spielen mit einem Laserpointer empfiehlt sich nicht, da es sehr gefährlich ist, wenn die Katze versehentlich direkt in den Laserstrahl schaut und außerdem durch den ausbleibenden Jagderfolg bei ihr Frust entsteht.

9. Es ist sehr wichtig, der Katze beim Spielen Erfolgserlebnisse zu verschaffen, da nur dadurch ein befriedigendes Jagderlebnis stattfindet und die Katze so ihren aufgestauten Jagdtrieb abreagieren kann.

10. Seien Sie geduldig! Auch wenn die Katze Ihre Spielbemühungen „nur" beobachtet, so gehört dies bereits zu ihrem Jagdverhalten, und irgendwann wird der Reiz zum Angriff ausgelöst.

DIE BEDÜRFNISSE UND ANSPRÜCHE EINER KATZE

DIE WOHNUNGSKATZE

Die Überlegung, ob Ihre Katze eine Wohnungs- oder Freilaufkatze sein soll, stellt sich nur, wenn Sie überhaupt die Möglichkeit haben, der Katze einen möglichst gefahrlosen Auslauf in einer ruhigen und sicheren Gegend anzubieten. Auslauf bedeutet, dass die Katze einen geeigneten Aus- und Zugang zur Wohnung hat, den sie jederzeit benutzen kann, sowie ein sicheres Terrain, in dem sie sich frei bewegen und jagen kann.

Diese Voraussetzungen sind heute bei den meisten Katzenhaltern nicht gegeben. Aber auch wenn, drohen immer noch zahlreiche Gefahren durch Straßenverkehr, Gift, Diebstahl, Jäger, Tierquäler, Hunde, Kämpfe mit anderen Katzen, Verletzungen, vermehrten Befall mit Parasiten und Infektionskrankheiten. Für die meisten Katzen dürften daher die Vorteile eines Freilaufs die Nachteile nicht aufwiegen. Katzen, die von Geburt an in der Wohnung gehalten werden, vermissen es nicht, wenn sie nicht hinaus dürfen, denn sie kennen es ja nicht anders.

Grundvoraussetzung ist jedoch, dass die natürlichen Bedürfnisse einer Katze erfüllt werden. Entspricht die Umgebung ihren Ansprüchen, passt sie sich den Gegebenheiten an. Kennt eine Katze nur den reizarmen, eingeschränkten Bereich einer menschlichen

Wohnungskatze oder Freigänger? Wägen Sie gut ab!

Ein schönes Katzengehege im Garten

Wohnung, fürchtet sie sich sogar eher vor der unbekannten Freiheit und wäre überfordert, wenn man sie plötzlich auf die Straße ließe. Einen guten Mittelweg zwischen der Haltung als Freilauf- und Wohnungskatze stellt die Haltung in einem Haus oder einer Wohnung mit einem abgesicherten Balkon, einem ausbruchsicheren Außengehege oder einem katzensicher eingezäunten Garten dar. Der Lebensraum einer Wohnungskatze lässt sich dadurch vergrößern und reizvoller gestalten. Außerdem ist sie auf diese Weise vor vielen Gefahren, die ansonsten draußen auf sie lauern, geschützt. Wer will schon die große Freiheit, wenn er sie mit dem Leben bezahlen muss? Wohnungskatzen können bis zu 20 Jahre alt werden, während Katzen mit freiem Auslauf eher nur acht bis zehn Jahre erreichen. Ausnahmen bestätigen wie immer die Regel.

Die Wohnungshaltung

Etwa die Hälfte aller Katzen Mitteleuropas lebt ausschließlich in der Wohnung oder im Haus. Doch jede Katze braucht Sonne, Luft und ein bestimmtes Maß an Bewegungsfreiheit, um ihren Jagdtrieb ausleben zu können. Bei der reinen Wohnungshaltung müssen die Jagdaktivitäten daher vom Menschen durch Spielaktivitäten ersetzt werden. Das interaktive Spiel als Ersatz für fehlende Jagdaktivitäten, bei dem Sie die Beuteobjekte spielerisch bewegen, ist eine notwendige Prophylaxe gegen die Entstehung eines Triebstaus und dient außerdem der seelischen Ausgeglichenheit der Katze. Nur Streicheln und Reden genügen für einen artgerechten Umgang keineswegs. Langeweile und Inaktivität können bei einer Katze zu Lethargie, Übergewicht, exzessivem Putzen, Frustration, schlechtem oder extremem Appetit sowie weiteren Verhaltensauffälligkeiten führen.

Zwei Drittel des Tages verbringt eine Wohnungskatze mit Schlafen, Dösen, Beobachten, Putzen und Fressen. Die Fütterung, das Inspizieren der Wohnung sowie Turnen und Kratzen am Kratzbaum sind Teil der Alleinunterhaltung für eine Katze. Für die weitere Beschäftigung muss unbedingt der Mensch sorgen. Sind Sie häufig nicht da, langweilt sich Ihre Katze und fühlt sich einsam. Manch eine reagiert ihre aufgestauten Energien dann mit Zerstörungswut und Aggressivität ab oder frisst vor lauter Frust viel zu viel.

Indem Sie sich ausgiebig mit Ihrer Katze beschäftigen, fördern Sie ihre körperlichen und geistigen Fähigkeiten, vertiefen die Beziehung zu ihr und halten sie bis ins hohe Alter fit. Dazu gehört ebenso, dass Sie Ihre Katze in den Alltag einbeziehen, indem sie Ihnen bei sämtlichen Tätigkeiten wie Hausputz, Aufräumen oder Computerarbeit Ge-

Links:So schön es ist, Streicheln alleine reicht nicht.
Rechts: Katze bei der Körperpflege

Katzen brauchen Spielpartner.

sellschaft leisten und zusehen kann. Die meisten Katzen suchen diese Nähe und Aufmerksamkeit regelrecht. Vielleicht sind Sie nicht nur der einzige Spiel-, sondern sogar der einzige Sozialpartner Ihrer Katze. Dann kann es vorkommen, dass sie sich demonstrativ auf Ihre Zeitung oder Ihre Unterlagen auf dem Schreibtisch legt, um Sie aufzufordern, die entsprechende Tätigkeit zu unterbrechen und sich lieber mit ihr zu beschäftigen.

Eine Wohnungskatze sollte wegen der Reizarmut in ihrem ziemlich begrenzten Lebensraum mindestens eine Stunde täglich beschäftigt werden. Sie müssen ihr nicht nur als Spielpartner die Jagdaktivitäten ersetzen, sondern ihr auch als Sozialpartner für ausreichend viele und lange Kontakte zur Verfügung stehen. Als berufstätige Person mit wenig Zeit sollten Sie daher immer eine Zweitkatze halten. Diese Maßnahme entbindet Sie zwar nicht von einer intensiven Beschäftigung mit beiden Katzen, aber sie entlastet Sie erheblich. Katzen beim gemeinsamen Spiel zu beobachten, ist zudem für jeden Katzenfreund ein echter Genuss.

Die katzengerechte Wohnung

Eine Katze fühlt sich glücklich und ausgeglichen, wenn sie ungestört ihren Beschäftigungen nachgehen kann. Dafür braucht sie ein Revier mit mehreren verschiedenen Zonen. Wechselnde Versteckmöglichkeiten, Kletter- und Kratzgelegenheiten, hohe Sitz- und Beobachtungsplätze, ein Aussichtsplatz am Fenster sowie Auslauf auf einem gesicherten Balkon, wenn einer vorhanden ist, sind für jede Wohnungskatze daher unerlässlich. Der Kratzbaum sollte möglichst vor einem Fenster platziert werden, damit die Katze hinausschauen kann, und auch breite Fensterbänke sollten für sie zugänglich sein. Von diesen Plätzen aus kann sie die Aktivitäten von frei lebenden Artgenossen, Vögeln, Insekten und Menschen genau beobachten. Diese Aussicht bietet der Katze immer wieder neue Situationen und bringt sowohl eine akustische als auch eine geruchliche Abwechslung in ihr etwas reizarmes Leben.

Links: Ein schöner Liege- und Beobachtungsplatz
Rechts: Eine Katze im Schrankfach

Ihre Schlafplätze sollten etwas versteckt und geschützt liegen und müssen von ihr jederzeit gewechselt werden können. Es sollte verschiedene Erkundungsmöglichkeiten geben, was durch verschieden hohe Liege- und Beobachtungsplätze erreicht werden kann. Auch sollten immer wieder neue Kartons zum Verstecken und Auskundschaften zur Verfügung gestellt werden sowie etwas geöffnete Schränke und Schubladen zum Hineinkriechen und Inspizieren. Natürlich ist darauf zu achten, dass vor dem Schließen der Schranktüren immer überprüft wird, ob sich gerade eine Katze darin aufhält, um sie nicht womöglich versehentlich einzusperren. Eine Wohnungskatze muss nichts entbehren, wenn Sie ihr einen solchen Lebensraum in der Wohnung einrichten und für ausreichende Beschäftigung sorgen.

Die Bedürfnisse einer Wohnungskatze

Ob eine Einzimmerwohnung oder eine ganze Etage, ist aus der Sicht einer Katze nicht so bedeutend wie die Raumausstattung, die für eine gewisse Anregung sorgen muss. So wird ein Raum, den die Katze von einem einzigen Punkt aus vollständig überblicken kann,

In der dritten Dimension hat die Katze einen besseren Überblick und Schutz.

mit der Zeit langweilig und reizlos. Wichtig ist, dass die Katze ebenfalls die dritte Dimension eines Raumes nutzen kann und darf. Ihr ist es nämlich am liebsten, wenn sie von einem erhöhten Platz alles beobachten kann, da sie von dort einen besseren Überblick hat und er ihr zudem einen größeren Schutz bietet als der Boden. Die Wohnung sollte so gestaltet sein, dass sie der Katze möglichst viel Abwechslung, Bewegung, Anregung und Freiraum bietet.

Auch eine Einzimmerwohnung lässt sich jedoch so aufteilen, dass sich durch die Anordnung der Möbel interessante, attraktive Schlupfwinkel und Nischen ergeben. Die Couch kann etwas von der Wand abgerückt werden, sodass ein Versteck dahinter entsteht. Kuschelhöhlen auf dem Kratzbaum sowie Pappkartons zum Hineinkriechen oder zum Von-oben-Hineinspringen sind als Spiel- und Versteckmöglichkeiten sehr beliebt. Der Raum sollte nach

Katzen lieben Kartons.

Links: Katzenfenster mit gesicherter Aussicht
Rechts: Möglichst keine geschlossenen Türen und Tabuzonen im Revier!

oben hin erweitert werden, indem es erhöhte Sitzplätze gibt, beispielsweise auf dem Schrank, auf Regalbrettern und/oder auf dem Kratzbaum. Zum Klettern und Balancieren können Sie für die Katze eine Leiter an einen Schrank oder ein Regal lehnen oder ein dickes Hanfseil zwischen Kratzbaum und Wand spannen. Auch gemütliche Fensterplätze mit Aussicht lassen sich leicht herrichten. Dabei ist es wichtig, Kippfenster seitlich und oben mit einem Gitter zu sichern, da die Katze sonst in der Fensteröffnung stecken bleiben kann.

Natürlich sind mehrere Räume für eine Katze interessanter, denn sie lassen sich immer mal wieder kontrollieren. Eine Katze hat nämlich unzählige Male am Tag das Bedürfnis, einen Rundgang durch ihr Revier zu machen. Sie wiederholt diese Inspektionsgänge in kurzen Abständen und will dabei nicht durch Türen gehindert werden. Tabuzonen darf es daher möglichst nicht geben, sondern die Katze sollte Zutritt zu allen Räumen haben. Vor allem in kleinen Wohnungen kann sonst ein zu begrenzter Aktionsradius Auslöser für Verhaltensauffälligkeiten sein.

Eine Kratzmöglichkeit, am besten in Form eines großen Kratzbaumes, ist unumgänglich. Wichtig ist, dass es ein ausreichend großer

Dieser stabile große Kratzbaum hält eine ganze Katzengesellschaft aus.

Kratzbaum ist, der zusätzliche Möglichkeiten zum Klettern, Springen, Verstecken, Liegen und Balancieren bietet. Die Katze braucht Kratzgelegenheiten zum Schärfen und Pflegen ihrer Krallen, um deren Ausstreck- und Einziehmechanismus zu trainieren, um zu markieren sowie Frust und Ärger abreagieren zu können. Auch ein an der Wand befestigtes Kratzbrett oder ein Sisalteppich mit rutschfester Unterlage sind geeignet. Gibt es keine geeigneten Kratzmöglichkeiten, benutzt sie Möbel, Tapeten, Türpfosten oder den Teppich. Die Kratzobjekte sollten am besten so platziert sein, dass die Katze auf dem Weg vom Schlaf- zum Futterplatz daran vorbeikommt.

Verschiedene Schlafplatz-Modelle

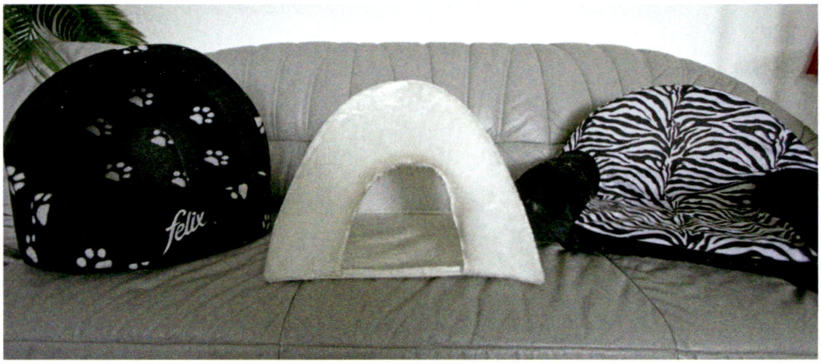

Als Schlafplatz eignet sich ein Katzenkorb oder ein Karton. Die Hauptsache ist, dass er an einem warmen und geschützten Ort steht. Ob die Katze allerdings wirklich regelmäßig darin schläft, bleibt abzuwarten. Auf jeden Fall braucht sie verschiedene Ruheplätze, wie beispielsweise eine zugfreie Fensterbank mit einer weichen, kuscheligen Unterlage.

Ein abgesicherter Katzenbalkon

Der Katzen-Balkon

Eine Wohnungskatze genießt es natürlich, wenn sich ihr Revier auch noch auf den Balkon erstreckt, wo sie frische Luft und Sonne hat und interessante Beobachtungen machen kann. Die Wohnung muss jedoch immer für sie zugänglich sein, da sie jederzeit zwischen Sonne und Schatten wählen können muss. Damit eine Katze nicht beim Haschen nach einem Vogel oder Insekt vom Balkon stürzt, muss dieser unbedingt gesichert werden. Verwenden Sie dafür ein dünnes Nylonnetz, das die Katze schützt und die Aussicht für Sie so gut wie nicht einschränkt. In Mietwohnungen sollte die Anbringung jedoch vorsichtshalber mit dem Vermieter geklärt werden, wobei er kaum Einwände haben kann, wenn ein durchsichtiges Netz verwendet wird und der Balkon nicht zur Straßenseite liegt.

Der Balkon sollte zudem nach den Bedürfnissen der Katze gestaltet sein. Im Idealfall gibt es dort einen Kratzbaum mit Aussichtsplätzen, wobei zu beachten ist, dass er hoch genug ist, sodass die Katze auch über die Brüstung schauen kann. Auch zwischen Blumenkästen können Sie ihr einen Ruheplatz schaffen. Es gibt Pflanzen, die Katzen besonders mögen und die nicht giftig sind, wie beispielsweise Baldrian, Katzenminze oder auch Grünlilie.

Sicherheit in der Wohnung

Auch die Sicherheit in der Wohnung spielt eine große Rolle. Sie sollten darauf achten, dass es keine Pflanzen gibt, die für Katzen giftig sind. Bei Rauchern muss die Katze unbedingt die Möglichkeit haben, sich in rauchfreien Zimmern aufzuhalten. Achten Sie ebenso darauf, dass alle Schranktüren, hinter denen Putzmittel, Lacke oder Medikamente aufbewahrt werden, geschlossen sind. Bevor eine Schranktür geschlossen wird, müssen Sie sich vergewissern, dass die Katze nicht unbemerkt in den Schrank geklettert ist. Das gleiche gilt für Waschmaschine, Wäschetrockner sowie den Wäschekorb mit Schmutzwäsche. Solange der Kochherd in Betrieb ist, müssen Sie in der Nähe bleiben. Anschließend empfiehlt es sich, Töpfe mit etwas Wasser auf die heißen Herdplatten zu stellen, damit sich die Katze nicht die Pfoten verbrennen kann. Die Klappe eines noch heißen Backofens darf nie ganz offen stehen, sondern kann höchstens ein kleines Stück zum Abkühlen geöffnet bleiben.

Links: Vorsicht, Katze in der Waschmaschine! Rechts: Manche Katzen lieben Wäschekörbe.

Gesundheitsvorsorge bei Wohnungskatzen

Normalerweise liegt die Hauptaktivitätsphase einer Katze besonders in der Morgen- und Abenddämmerung sowie in der Nacht. Eine Wohnungskatze passt sich aber meist recht problemlos dem familiären Zeitplan an. Sie ist dann genauso wie ihre Menschen eher tagsüber aktiv und ruht nachts. Im Alter verlagern sich ihre Aktivitäten allerdings etwas. Manche Katzen dehnen ihre Ruhephasen abhängig von Alter, Befindlichkeit und Persönlichkeit oftmals noch weiter aus.

Voraussetzung für ausgelassenes Spielen ist, dass die Katze gesund ist. Wenn sie über einen längeren Zeitraum nicht zum Spielen zu animieren ist, sondern nur lustlos in einer Ecke kauert, stimmt etwas nicht mit ihr. Besonders ältere Katzen haben oft schmerzende Gelenke, die ihnen die Freude an der Bewegung nehmen. Ebenso ist auch eine verwurmte oder verflohte Katze meist nicht zum Spielen aufgelegt, weil sie sich einfach nicht wohlfühlt. Lustlosigkeit beim Spiel ist oftmals eines der ersten Anzeichen dafür, dass eine Katze Schmerzen und/oder Fieber hat. Mit einer sonst spielfreudigen Katze, die sich auffällig verhält, sollten Sie sofort zum Tierarzt geben.

Auch bei ausschließlich in der Wohnung gehaltenen Katzen ist natürlich eine sorgfältige Gesundheitsvorsorge notwendig, denn Sie können unbeabsichtigt Krankheitskeime oder Wurmeier an Kleidung oder Händen und vor allem an den Schuhen in die Wohnung einschleppen. Darum sollten auch reine Wohnungskatzen regelmäßig geimpft und entwurmt werden.

Zur Paarungszeit spielen die Hormone von Kater und Katze verrückt, weshalb, wenn nicht gezüchtet werden soll, eine Kastration anzuraten ist. Geschlechtsreife Katzen in der Wohnung zu halten, ist für die Tiere und auch für Sie eine Qual. Kastrierte Katzen passen sich viel leichter dem Wohnungsleben an, haben nicht diese stressigen Hormonaufwallungen, leiden nicht unter Frustration, weil sie ihren Trieb nicht ausleben können, und reagieren nicht mit Unsauberkeit, indem sie überall Harn verspritzen.

Was Wohnungskatzen irritiert

Wohnungskatzen reagieren auf Neuerungen meistens nicht so flexibel wie frei laufende Katzen. Diese können unterschiedliche Situationen besser abschätzen und entsprechend reagieren, beispielswei-

Auch Kratzen kann Markieren sein, denn es hinterlässt eine Sicht- (Graffiti) und Geruchsbotschaft (Pfotenballen).

se durch Ausweichen oder Meiden. Von der Wohnungskatze dagegen wird besonders viel Anpassungsvermögen erwartet. Sie kann sich nicht einfach entziehen und weggehen, wenn ihr etwas nicht passt oder es ihr zu viel wird. Sie ist es ebenso nicht gewohnt, ständig mit neuen und fremden Reizen konfrontiert zu werden.

Das macht eher verständlich, warum schon die Umgruppierung einiger Möbel oder eine Änderung der täglichen Zeitabläufe für manche Wohnungskatzen eine erhebliche Belastung darstellen kann. Gemäß ihrer nervlichen Konstitution kann sie dann mit verschiedenen Verhaltensauffälligkeiten reagieren. Schließlich ist dieses kleine Territorium für sie der einzige zur Verfügung stehende Lebensraum. Durch das Umstellen oder Austauschen von Möbeln kann dieser einschneidend verändert und vertraute Gewohnheiten dadurch eventuell unmöglich gemacht werden.

Es besteht für eine Wohnungskatze dann nicht einmal die Möglichkeit, sich aus dieser belastenden Situation zu befreien. Ein Freigänger dagegen kann das Haus einfach verlassen, wenn ihm etwas zu unangenehm wird. Auch wir Menschen haben ständig Abwechslung, können einfach weggehen und uns dort viele neue Eindrücke verschaffen. Wir finden wechselnde Sozialpartner in einer sich ständig verändernden Umgebung. Wohnungskatzen haben das

nicht und brauchen deshalb regelmäßig Stimulation, neue Reize, Herausforderungen und viel Abwechslung.
Darum sollten Sie auf Gewohnheiten Ihrer Katze Rücksicht nehmen und es ihr ermöglichen, diese beibehalten zu können. Eine Katze liebt Beständigkeit statt Veränderung, und darum sollten Sie für Sicherheit sowie Vertrauen sorgen und Plätze, Materialien unter den Pfoten, Geräusche und Abläufe, die die Katze mag, möglichst erhalten.
Routine ist für eine Katze keinesfalls langweilig, sondern im Gegenteil sogar unerlässlich. Werden die Möbel in der Wohnung total umgestellt oder kommen neue hinzu, kann es auch sein, dass die Katze den Zusammenhang mit Ge- und Verboten nicht mehr erkennt. Diese müssen dann meist erst wieder neu eingeübt werden. Sie sollten ihr dann beispielsweise deutlich machen, dass es ebenfalls unerwünscht ist, wenn sie auf den neuen Esstisch springt.
Prinzipiell fühlen sich die meisten Wohnungskatzen ganz offensichtlich wohl und erfreuen sich eines besonders hohen Lebensalters. Ihnen reicht es vollkommen, an geschützten warmen Plätzen ungestört zu schlafen, zu spielen anstatt jagen zu müssen, intensive, aggressionsfreie, soziale Kontakte zu haben sowie Streicheleinheiten und regelmäßig schmackhafte Nahrung zu bekommen.
Wichtig ist, keine falschen oder unangemessenen Erwartungen an die Katze zu haben. Eine Katze, die sich nicht streicheln lassen möchte, obwohl der Mensch es gerade will, wird einfach mit Gewalt festgehalten. Ein solches Verhalten steigert natürlich die Kontaktscheu einer Katze erst recht.

„Richtig gemütlich. Hier lässt es sich aushalten."

GOLDENE REGELN BEI WOHNUNGSKATZEN

1. Die Wohnung muss unbedingt katzengerecht und abwechslungsreich gestaltet sein. Es sollte möglichst keine Tabuzonen und verschlossene Türen geben, da die Katze nur dieses beschränkte Revier zur Verfügung hat.

2. Unerlässlich ist ein gut ausgestatteter Kratzbaum, der verschiedene Ebenen, Höhlen und Spielanregungen bietet, möglichst an einem attraktiven Platz steht und stabil ist.

3. Auch Kratzbretter auf dem Boden, an der Wand und an Ecken, die zum Kratzen einladen, sind wichtig, um Teppich und Tapeten vor dem Krallenwetzen zu schützen.

4. Kartons zum Hineinkriechen, Hineinspringen, sich Verstecken oder mit einem reizvollen Inhalt sollten ebenfalls in der Wohnung zur Verfügung stehen.

5. Auch einladend geöffnete Schubladen oder Schränke werden von der Katze gern als Versteck oder Ruheplatz sowie zum Erkunden angenommen. Achten Sie unbedingt darauf, dass die Schubladen und Schranktüren nie ohne vorherige Kontrolle geschlossen werden, damit keine Katze versehentlich eingesperrt wird.

6. Die Katze sollte möglichst auch die dritte Dimension benutzen können, um von Schränken, Regalen oder Kommoden aus einen guten und geschützten Überblick zu haben.

7. Sie sollten Ihrer Katze verschiedene Schlaf- und Ruheplätze anbieten, mit weichen Kissen, Unterlagen, sowie Katzenhöhlen, -körbe oder -betten. Allerdings

wählt sich die Katze letztendlich ihre Ruhestätte selbst aus und kann diese Wahl auch wieder verändern.

8. Die Katze braucht Aussichtsplätze am Fenster, die bequem gepolstert sind und ihr einen interessanten Ausblick ermöglichen. Sie müssen dabei unbedingt darauf achten, Kippfenster entsprechend abzusichern.

9. Auch der Auslauf auf einem mit Netz gesicherten Balkon gefällt eigentlich jeder Katze, weil sie frische Luft schnuppern, Insekten, Vögel und vieles mehr beobachten kann.

10. In der Wohnung lauern zahlreiche Gefahrenquellen auf Katzen, die alle zu beseitigen sind beziehungsweise vor denen die Katze geschützt werden sollte. Im Übrigen sollten auch Wohnungskatzen regelmäßig geimpft und entwurmt werden.

„Hey, mach die Schublade auf!“

DIE MEHRKATZENHALTUNG

Als Faustregel gilt: Es sollten nicht mehr Katzen gehalten werden, als Menschen zum Versorgen beziehungsweise menschliche Hände zum Streicheln vorhanden sind und als die Wohnung Zimmer hat. Diese Regel bezieht sich natürlich eher auf Singles oder Paare und sollte nicht unbedingt bei großen Familien angewendet werden. Zu berücksichtigen ist, dass jeder Katze unbedingt ein eigener Raum als Rückzugsmöglichkeit zur Verfügung stehen muss.

Die Haltung von vielen Katzen auf einem beschränkten Raum ist für die Tiere nämlich eine ziemliche Belastung. Sie sind fast ununterbrochen in Abwehrstimmung, und größere Kämpfe unterbleiben meistens nur, weil die Aggressionen ständig in einer leichteren Form abreagiert werden. Es bedeutet jedoch Dauerstress, der keiner Katze zugemutet werden sollte, zumal er ihr Immunsystem schwächt und sie krank macht.

Die Mehrkatzenhaltung unterliegt jedoch einer gewissen Eigendynamik. Meistens wird länger darüber nachgedacht, ob eine Zweitkatze ins Haus kommen soll, als bei einer vierten oder fünften Katze. Die meisten Züchter halten mehrere Katzen, aber auch Nichtzüchter können dem „Sammeltrieb“ verfallen. Das hat dann jedoch mehr mit Egoismus als mit echter Tierliebe zu tun, und letztendlich sollte immer zum Wohl der Katzen entschieden werden.

Eine zusätzliche Katze

Es ist nicht ganz leicht, zu einer bisher allein lebenden Wohnungskatze eine zweite Katze zu gesellen, aber es bietet sich an. Durch das Zusammenleben mit einem geeigneten Katzenpartner ist eine artgerechte Beschäftigung viel eher gewährleistet als bei der alleinigen Gesellschaft eines Menschen. Für eine gelangweilte und einsame Katze ist eine zweite Katze meistens genau das, was sie braucht. Die Neue wird allerdings erst einmal als Eindringling betrachtet und selten so ohne weiteres akzeptiert. Es gibt auch Fälle, wo zwar Waffenstillstand herrscht, aber beide Katzen sich stets mehr oder weniger aus dem Weg gehen und keine Beziehung zueinander aufbauen können. Wie bei uns Menschen ist ebenso einer Katze die eine sympathischer als die andere.
Wenn eine Katze gestorben ist, trauert die andere Katze oftmals um den verlorenen Artgenossen und braucht unter Umständen erst einmal eine Trauerzeit von bis zu einem Jahr, bevor sie bereit ist, eine neue Katze zu akzeptieren. Andere Katzen wiederum leben auf, wenn nach einer gewissen Zeit ein neuer Spielkamerad kommt. Genauso gibt es aber auch Katzen, die nach dem Tod einer anderen Katze keinen Artgenossen mehr um sich haben wollen. Es gibt sogar welche, die regelrecht aufblühen, da sich ihr Freiraum, jetzt wo sie allein sind, sowohl in seelischer als auch in räumlicher Hinsicht erweitert hat. Das kommt vor allem dann vor, wenn die verstorbene Katze sehr dominant war und die zurückgebliebene Katze sehr eingeschränkt hat.

Gute Voraussetzungen für eine harmonische Gemeinschaft

Wenn Sie zwei oder mehrere Katzen halten möchten, tun Sie das am besten von Anfang an. Junge Katzen gewöhnen sich sehr schnell aneinander, und mit Wurfgeschwistern gibt es überhaupt keine Schwierigkeiten. Alle Jungtiere haben im Allgemeinen ein großes Bedürfnis nach sozialem Kontakt mit Artgenossen und sind sehr spielfreudig.

Soll eine erwachsene Katze Gesellschaft bekommen, dann möglichst ebenfalls von einem Jungtier, da sie dieses eher nicht als Konkurrenz betrachten wird. Unkomplizierte, selbstsichere Jungtiere passen dabei im Allgemeinen am besten zu erwachsenen Katzen, denn sie lassen sich von anfänglichen Ohrfeigen kaum beeindrucken und suchen immer wieder erneut den Kontakt. Schüchterne, unsichere Katzen – egal auf welcher Seite – werden dagegen unterdrückt und können Verhaltensprobleme entwickeln. Es ist daher vor allem immer darauf zu achten, dass die jeweiligen Katzencharaktere möglichst gut zusammenpassen beziehungsweise sich ergänzen. Eine ähnliche Selbstsicherheit ist dabei die wichtigste Eigenschaft, die Sie bei der Wahl eines Katzenpartners berücksichtigen sollten.

Ist eine Katze jedoch älter als acht Jahre und ruhig, sollte die neue ebenfalls erwachsen und kein lebhaftes Jungtier mehr sein und ein eher gemäßigtes Temperament haben. Hat eine Katze dagegen besonders viel Energie, passt am besten eine junge, verspielte Katze zu ihr.

Ich möchte jedoch unbedingt darauf hinweisen, dass es letztendlich keine festen Regeln oder Patentrezepte gibt. Auch wenn die oben genannten Empfehlungen eingehalten werden, gibt es keine Garantie. Katzen sind wie wir Menschen Lebewesen und damit nicht berechenbar. Mit der einen versteht die Katze sich prächtig,

Links:Diese Katze ist ängstlich und verunsichert. Rechts: Passt ein Jungtier zu einer erwachsenen Katze? Kommt drauf an.

die andere toleriert sie halbwegs und wieder eine andere kann sie einfach nicht ausstehen. Erfahren werden Sie es letztendlich erst, wenn Sie es ausprobieren. Dabei sind jedoch Geduld und Einfühlungsvermögen gefragt, um die Katzen bei der Gewöhnung aneinander zu unterstützen. Geben Sie nicht zu schnell auf, suchen Sie sich aber rechtzeitig professionelle Hilfe, bevor sich die Fronten verhärten und sich die Abneigung regelrecht verfestigt.

Die Eingewöhnung

Katzen sind territoriale Tiere, und die alteingesessene Katze wird ihr Revier verteidigen. Mit der richtigen Vorbereitung und Einführung kann der Schock über den „Eindringling" jedoch abgemildert werden.

Es kann hilfreich sein, wenn Sie in der Vorbereitungsphase vor dem Einzug einer neuen Katze mehrere Stückchen Stoff, die ihren Geruch tragen, mit nach Hause bringen. Das hat den Vorteil, dass Sie mehrere Streifen davon überall im Haus verteilen können, was dazu beiträgt, dass sich die bereits vorhandenen Katzen an den Geruch der neuen Katze gewöhnen können. Umgekehrt können Sie die alteingesessene Katze(n) ebenfalls mit einem Stück Stoff abreiben und die neue Katze mit diesem Geruch vertraut machen.

Die richtige Eingewöhnung ist sehr wichtig, denn wenn sich erst einmal eine regelrechte Abneigung gegen den Neuzugang entwickelt hat, ist diese recht schwierig und oftmals nur durch eine gezielte, zeitaufwendige Verhaltenstherapie wieder abzubauen. Sie müssen die Katzen daher genau beobachten. Verschlechtert sich die Stimmung, muss die Distanz der Katzen zueinander erhöht werden. Mit Spielen, Streicheln oder Leckerchen kann meistens abgelenkt und vermittelt werden. Im Notfall müssen sie vorübergehend (!) in unterschiedlichen Teilen der Wohnung gehalten werden.

Katze in Abwehrhaltung: „Komm mir ja nicht zu nahe!"

Die Phasen der Eingewöhnung

Zwischen erwachsenen, auf begrenztem Raum gehaltenen Katzen gibt es fast immer eine Rangordnung. Eine neu hinzukommende Katze muss daher verschiedene Phasen durchlaufen, bis sie von den alteingesessenen Tieren geduldet und akzeptiert wird.

DIE ABLEHNUNGSPHASE Die neue Katze sollte in der Nähe der anderen Katzen in einem größeren Raum, der Fluchtmöglichkeiten wie Regale und Tische bietet, die Möglichkeit bekommen, den Transportkorb freiwillig zu verlassen. Meist wird sofort ein deutliches Abwehrverhalten sichtbar und versucht, den Neuling drohend zu verjagen. Kommt die neue Katze gar zu nahe, erhält sie möglicherweise auch Tatzenhiebe. Diese anfänglichen Unstimmigkeiten gehören dazu und sind in der Regel harmlos.

Der Neuling fühlt sich oftmals nicht wohl und versucht zu flüchten. Gelingt es den anderen, die neue Katze in die Flucht zu schlagen, wurde die Auseinandersetzung entschieden und damit die Aufnahme in die Gemeinschaft erst einmal abgewehrt. Eine fremde Katze, die dagegen geduldig abwartet und höflich Distanz hält, wird am ehesten nach einiger Zeit in die bestehende Gruppe integriert.

Lassen Sie die Katzen ihre Rangordnung untereinander am besten ohne Einmischung festlegen. Wenn die Katzen in mehr oder weniger geduckter Haltung umherschleichen, fauchen, knurren, einen drohenden sirenenartigen Angriffsgesang mit schaukelndem Kopf von sich geben und mit Pfotenhieben drohen oder diese tatsächlich auch ausführen, ist das normal. Sie brauchen nicht einzugreifen.

Körperliche Auseinandersetzungen mit einem lauten Geräusch stoppen!

Nur wenn es zu richtigen körperlichen, kämpferischen Auseinandersetzungen kommt, sollten Sie einschreiten, notfalls mit einer Wasserspritze. Meistens reicht jedoch ein kräftiges Händeklatschen oder ein anderes lautes Geräusch, beispielsweise durch eine Rappeldose oder ein Metallkettchen, um die Katzen durch eine Schrecksekunde abzulenken und aus dieser aggressiven Emotion zu holen. Die meisten Menschen gehen im Übrigen fälschlicherweise davon aus, dass die fauchende Katze die aggressive ist. Fauchen ist jedoch eine defensive Reaktion, was auch an der Körperhaltung erkennbar ist. Es ist in der Regel nur eine Antwort auf eine vorangegangene aggressive Äußerung oder Drohung der anderen Katze. Diese aggressive Botschaft kann ganz unauffällig sein und schon allein darin bestehen, einen Moment zu lange Blickkontakt zu halten oder gar nicht mehr wegzuschauen. Es ist ein Irrtum zu glauben: „Die Katze guckt doch nur, aber tut ja nichts.“ In Wirklichkeit läuft ein oftmals drohendes Fixieren ab, was die unterlegene Katze zum Fauchen und Knurren veranlassen kann. Nach dem Motto: „Lass mich in Ruhe! Komm mir ja nicht zu nahe!“

DIE DULDUNGSPHASE Diese Phase kann ein bis zwei Wochen anhalten. Währenddessen lassen sich die Katzen zwar zunächst gegenseitig in Ruhe, halten aber noch einen recht großen Abstand zueinander. Sie sollten sie möglichst in einem gemeinsamen Raum füttern, aber dabei einen gewissen Abstand zueinander berücksichtigen. Verhalten Sie sich weiterhin neutral, behandeln Sie alle Katzen gleich und beschäftigen Sie sich häufig mit ihnen. Mit einer Aufforderung zum Spielen können Sie zwischendurch auftretende aggressionsträchtige Situationen entschärfen.

DIE ERKUNDUNGSPHASE Die Katzen kommen sich nun langsam näher und beobachten sich erstmalig ohne Aggressionen. Setzen Sie sich am besten zwischen die Katzen auf den Boden und streicheln Sie alle gemeinsam. Auf diese Weise bekunden Sie für alle Sympathie, ohne dass sich die Katzen dabei zu nahe kommen oder sich eine benachteiligt fühlt. Diesen Vorgang sollten Sie einige Tage lang wiederholen. Dann können Sie die Futterplätze langsam immer näher zusammenrücken, wobei jede Katze immer ihren eigenen Fressnapf behalten sollte.

Katzen bei einem friedlichen gemeinsamen Katzenmahl

DIE PHASE DES ZUSAMMENFINDENS In dieser Gewöhnungsphase werden die Katzen immer mehr miteinander spielen, und es kommt dabei auch zu harmlosen spielerischen Auseinandersetzungen. Sie können die Tiere dabei durch kreative Spielanregungen ablenken beziehungsweise zusammenführen.

DIE INTEGRATIONSPHASE Die Katzen gewöhnen sich aneinander, vertragen sich und lernen, auf ihre Artgenossen Rücksicht zu nehmen. Dazu gehört, individuelle Eigenheiten sowie die entstandene Rangordnung zu akzeptieren.

Sie sollten die neue Katze in den ersten zwei bis drei Wochen auf keinen Fall aus dem Haus lassen. Das gilt vor allem während der Eingewöhnungsphase. Es ist ebenfalls wichtig, möglichst nichts am gewohnten Tagesablauf zu ändern, um den anderen Katzen die Umstellung zu erleichtern und ihnen ein Gefühl der Sicherheit zu vermitteln. Außerdem kann sich auf diese Weise auch die neue Katze an die regelmäßigen Abläufe und Rituale gewöhnen. Sie sollten der neuen Katze ein Gefühl von Geborgenheit vermitteln und ihr alles zeigen, damit sie sich in ihrem neuen Heim wohlfühlen kann. Regeln lernt der Neuzugang am besten, indem Sie positives Verhalten belohnen. Der bisherigen Katze muss allerdings die gleiche Zeit und Aufmerksamkeit geschenkt werden, damit sie sich auf keinen Fall

Diese beiden sind ein Herz und eine Seele.

Bei drei Katzen ist manchmal eine zu viel.

vernachlässigt fühlt. Nur so kann vorgebeugt werden, dass keine negativen Gefühle und Stimmungen sowie Eifersucht entstehen, sondern die Katzen sich als gleichwertige Partner betrachten können.

Die Rangordnung

Auf kleinem Raum und bei gleichbleibender Gruppenzusammensetzung bildet sich wahrscheinlich unter den Katzen eine Rangordnung heraus, die jedoch unter Umständen weder stabil noch dauerhaft ist, da sie von vielen Faktoren beeinflusst wird.
Aktive und extrovertierte Katzen sind immer selbstbewusste sowie dominante Katzen und damit einer passiveren oder weniger selbstsicheren, introvertierten Katze deutlich überlegen. Die passive Katze wird dann ständig belauert und ihr wird an ausweglosen Plätzen der Weg versperrt. Die Folge eines solchen Mobbings kann ein permanenter Angstzustand mit allen möglichen Symptomen bei der unterlegenen Katze sein. In diesem Fall sollten Sie unbedingt professionelle Hilfe in Anspruch nehmen, um wieder ein Gleichgewicht im Katzenhaushalt herzustellen.

Unterschiedliche Persönlichkeiten und Reaktionen

Tritt die neu hinzugekommene Katze dagegen sehr selbstbewusst auf, kann das eine alteingesessene, sensible Katze völlig verstören. Sie zieht sich dann zurück und leidet. Die Reaktionen können aber

Scheue, verunsicherte, misstrauische Katze

auch von übertriebenem Sich-wund-Lecken über eine gesteigerte Aggressivität gegen jeden bis hin zu körperlichen Erkrankungen reichen. Natürlich kann aber auch die Katze mit den älteren Rechten einen verschüchterten Neuling so tyrannisieren, dass dieser die beschriebenen Reaktionen zeigt. Es müssen auf jeden Fall mehrere Futterplätze zur Verfügung gestellt und zumindest anfangs einige weit auseinanderliegende Katzentoiletten angeboten werden.
Eine Katze kann auf einen unerwünschten Neuling jedoch auch auf andere Art reagieren. Plötzlich werden bestimmte Regeln ignoriert, die Nahrungsaufnahme wird verweigert, sie wird unsauber, um ihr Revier deutlich zu markieren, oder sie zeigt andere Arten von Verhaltensauffälligkeiten. Wenn es zu ständigen Aggressionen und womöglich ernsthaften Verletzungen kommt, müssen die Katzen in der Wohnung vorübergehend getrennt voneinander gehalten werden.

Weitere Tipps

Gesundheitlich müssen alle Katzen in einer guten Verfassung sein, denn Stress schwächt das Immunsystem. Außerdem sollten Sie rechtzeitig alle Impfungen überprüfen. Das gilt natürlich auch für die neue Katze, die am besten vor ihrem Einzug vom Tierarzt unter anderem auf Parasiten untersucht wird, um eine Übertragungsgefahr von Krankheiten so gering wie möglich zu halten.
Außerdem ist es wichtig, den Katzen beim Fressen zuzusehen, um herauszufinden, ob jede ihre zugeteilte Ration frisst und ob dabei etwas auffällig ist. Wird eine Katze krank oder magert ab, so muss der Tierarzt wissen, wie lange sie schon nicht oder zu wenig frisst. Das gleiche gilt für eine übergewichtige Katze.
Da Katzen eine Erkrankung erst einmal verbergen, eher den Rückzug wählen und möglichst unauffällig leiden, sind Appetit und

Fressverhalten gute Kontrollmöglichkeiten für ihr Wohlbefinden. Auch eine gezielte Diätfütterung bei Blasen- oder Nierenerkrankungen oder Übergewicht bei nur einer Katze muss möglich sein. Das bedeutet, dass jede Katze ihren eigenen Fressnapf braucht. Achten Sie dabei unbedingt darauf, dass eine langsamer fressende Katze nicht von ihrem Napf verdrängt wird, wenn eine andere schon fertig ist.

Ähnlich ist es mit der Katzentoilette. Auch da sollte möglichst jede Katze ihre eigene haben, um die Ausscheidungen besser kontrollieren zu können. So sind Veränderungen bei der Häufigkeit und der Konsistenz ersichtlich. Hat eine Katze Durchfall, kann sie außerdem sonst womöglich die anderen anstecken.

Achten Sie darauf, ob eine Katze beim Toilettengang belauert wird!

Eine besondere Form des Mobbings ist, eine bestimmte Katze nicht mehr die Katzentoilette aufsuchen zu lassen. Entweder wird Überlegenheit demonstriert, indem der Zugang komplett verwehrt wird, oder aber der Katze wird während ihres Toilettengangs aufgelauert, und anschließend wird sie gejagt. Letzteres kann dazu führen, dass die Katze die Toilette meidet, um ihrem Widersacher solche Gelegenheiten nicht mehr zu bieten.

Der Mensch ist für die Katze zwar ähnlich einem Artgenossen, da er ihr fast alles bieten kann, was auch Katzen aneinander schätzen, jedoch ohne Reaktionen wie Abwehr, Angriff oder Rivalität auszulösen. Es kommt daher zwischen Mensch und Katze oft zu echten und dauerhaften Freundschaften, wie es sie unter Katzen eher selten gibt. Sie sollten eine Zweitkatze daher nicht als Konkurrenz für die Zuneigung Ihrer bisherigen Katze ansehen, sondern als eine zusätzliche Bereicherung. Sie ist ein guter Spielkamerad und Gefährte für Ihre Katze, ohne Ihnen deren Liebe streitig zu machen, denn Sie haben als Mensch wundervolle und einzigartige Qualitäten.

Eine Zweitkatze ist keine Konkurrenz, sondern eine Bereicherung.

GOLDENE REGELN
FÜR DIE MEHRKATZENHALTUNG

1. Als Faustregel gilt: Es sollten nicht mehr Katzen gehalten werden, als Menschen zum Versorgen oder menschliche Hände zum Streicheln vorhanden sind und als die Wohnung Zimmer hat. Jeder Katze muss ein eigener Raum als Rückzugsmöglichkeit zur Verfügung stehen.

2. Achten Sie bei der Auswahl einer weiteren Katze darauf, dass sie im Wesen, Temperament und vom Alter her zu Ihrer/n anderen passt.

3. Alle Katzen müssen gesund sein, bevor eine weitere einzieht. Lassen Sie die neue Katze am besten vorab beim Tierarzt auf Parasiten und Krankheiten untersuchen.

4. Katzen sind territoriale Tiere, aber mit der richtigen Vorbereitung und Einführung können Sie den Einzug entscheidend und positiv beeinflussen.

5. Beobachten Sie die Katzen und lenken Sie sie bei Disharmonie mit Spielen, Streicheln und Leckerchen ab.

6. Achten Sie auf die einzelnen Phasen der Eingewöhnung und unterstützen Sie die Katzen dabei.

7. Greifen Sie bitte nur im Notfall ein und lassen Sie es die Katzen ansonsten unter sich ausmachen.

8. Vermitteln Sie der neuen Katze ein Gefühl von Geborgenheit, aber schenken Sie Ihrer bisherigen Katze unbedingt genauso viel Zeit und Aufmerksamkeit, damit sie sich nicht vernachlässigt fühlt und Eifersucht entsteht.

9. Jede Katze braucht ihren eigenen Fressnapf und eine eigene Toilette. Achten Sie beim Füttern darauf, dass keine der Katzen zu kurz kommt.

10. Achten Sie darauf, dass keine Katze gemobbt oder tyrannisiert wird. Stress stellt eine große Belastung für eine Katze dar, schwächt ihr Immunsystem und kann zu Erkrankungen oder aber Verhaltensauffälligkeiten führen.

HALTUNG UND UMGANG MIT DER KATZE

DIE ARTGERECHTE HALTUNG

Eine Katze hat ganz bestimmte Ansprüche und Bedürfnisse. Für eine artgerechte Haltung ist es absolut wichtig, diese zu respektieren und zu erfüllen. Dazu muss man sie aber erst einmal kennen, und leider haben viele Katzenhalter auf diesem Gebiet ein erhebliches Defizit.

Meistens ist ihnen dies jedoch überhaupt nicht bewusst, und sie sind felsenfest davon überzeugt, dass es ihrer Katze bei ihnen gut geht, es ihr an nichts fehlt und sie überhaupt keinen Grund für ein auffälliges Verhalten wie beispielsweise Unsauberkeit hat. Sie können absolut nicht verstehen, warum die Katze nicht „einwandfrei funktioniert". Dies ist jedoch immer ein Trugschluss, denn eine Katze verhält sich niemals ohne Grund auffällig. Die Gründe sind allerdings sehr vielseitig und ganz individuell. Es muss auch nicht direkt etwas mit dem Verhalten oder einem Versäumnis des Menschen zu tun haben, aber irgendetwas irritiert und verunsichert sie. Leider gibt es oftmals auch völlig falsche Erwartungshaltungen beim Halter einer Katze. Er ist der Meinung, dass es vollkommen ausreicht, wenn sie mit Futter versorgt wird, es warm und trocken hat und ihre Toilette regelmäßig gesäubert wird. Außer diesen elementaren Bedürfnissen braucht eine Katze aber weitaus mehr. Sie ist ein Lebewesen und ein vollwertiges Familienmitglied, das auch als solches behandelt und einbezogen werden muss.

Es reicht einfach nicht, die Grundbedürfnisse einer Katze zu erfüllen und sie ansonsten sich selbst zu überlassen. Vor allem Singles, die berufstätig sind, kommen abends müde von der Arbeit und wol-

„Bitte, spiel mit mir!"

len ihre Ruhe. An anderen Tagen kommt es vor, dass sie direkt nach der Arbeit verabredet sind, noch später nach Hause kommen als sonst und dann in ihr Bett fallen. Das ist menschlich nachvollziehbar, aber dann muss die Katze zumindest einen Artgenossen haben und an den Wochenenden sowie an weniger anstrengenden Tagen restlos entschädigt werden.

Was Katzen für ihr Wohlbefinden brauchen

Für ihr Wohlbefinden braucht eine Katze Zuwendung, regelmäßige Mahlzeiten, intensive Pflege und möglichst gleichbleibende Tagesabläufe. Genauso wichtig sind für sie Spielen, Bewegung und Anregung durch den Menschen, um nicht in der Wohnung zu verkümmern und Unarten zu entwickeln. Am besten werden Katzen zu zweit gehalten.
Zur artgerechten Haltung gehört ebenfalls, auf sämtliche Bedürfnisse der Katze einzugehen und diese zu berücksichtigen. Die Katzentoilette darf nicht in der Nähe des Futterplatzes stehen, und auch der Schlafplatz sollte weit genug davon entfernt sein. Auch wir Menschen möchten im Bad weder essen noch schlafen. Die Katzentoilette muss täglich, möglichst sogar morgens und abends gesäubert werden, und bei mehreren Katzen muss es auch mehrere Toiletten geben.

Damit die Katze ihre Krallen nicht an Tapeten, Teppichen oder Polstermöbeln schärft, braucht sie Kratzgelegenheiten wie einen Kratzbaum und möglichst noch zusätzliche Kratzbretter oder -matten an von ihr bevorzugten Stellen. Dabei ist unter anderem darauf zu achten, dass Katzen sich vor allem nach dem Erwachen ausgiebig recken, strecken und dann auch ihre Krallenpflege betreiben. Der Kratzbaum sollte möglichst vor einem Fenster oder vor dem Balkon stehen, um der Katze einen interessanten Ausblick zu bieten, und ansonsten so platziert werden, dass sie einen möglichst weiten Überblick hat. Werden Kratzgelegenheiten weit weg vom Schlafplatz oder aber in einer düsteren Ecke platziert, braucht man sich nicht zu wundern, dass die Katze sie nicht annimmt, sondern stattdessen attraktivere Stellen zum Kratzen aufsucht.

Bei der Ernährung sollte auf keinen Fall gespart werden, denn eine vollwertige Nahrung erspart den zusätzlichen Gang zum Tierarzt. Qualitativ hochwertiges Futter beinhaltet alle Nährstoffe, die die Katze braucht, und zwar in der richtigen Zusammensetzung. Es ist auch darauf zu achten, dass der Katze jederzeit frisches Wasser zur Verfügung steht und sie auch ausreichend trinkt.

Feste Zeiten und Routine

Katzen lieben ihre festen Zeiten. Sie wissen ganz genau, wann es normalerweise Futter gibt und wann es Zeit ist für ihre Schmuse- und Spielstunden. Auch der Drang nach Freigang, um draußen ihr Revier zu kontrollieren, macht sich meistens zu bestimmten Zeiten bemerkbar. Selbst die Ruhe- und Schlafphasen finden fast immer zu den gleichen Tageszeiten statt. Es sei denn, etwas Interessantes passiert, das den Tagesablauf ändert und sie wach hält. Schließlich will man ja nichts von dem verpassen, was im eigenen Revier so passiert. Abgesehen davon ist man ja gerade als Wohnungskatze dankbar für jede Abwechslung und Ablenkung.

Ausgiebige Körperpflege einer Katze

Auch für die Körperpflege gibt es vielfach genau festgelegte Zeiten beziehungsweise Anlässe. Schließlich gehört es sich als Katze, sich nach dem Futtern oder vor dem Schlafen zu säubern. Das gleiche gilt nach einer ausgiebigen Schmuse- und Streicheleinheit. Jetzt riecht die Katze nämlich mehr nach ihrem Kuschelpartner und muss ihren eigenen Körpergeruch erst wieder herstellen. Manche Menschen empfinden dies als Affront, da die Katze sich bemüht, den fremden Geruch so schnell wie möglich wieder los zu werden. Andere Menschen empfinden dies allerdings als Kompliment, denn schließlich nimmt die Katze auf diese Weise sogar geschmacklich den Geruch ihres Zweibeiners auf und genießt dies mit Sicherheit außerordentlich. Es ist also wie so vieles im Leben einfach eine Interpretations- beziehungsweise Einstellungssache.

Viele Katzen achten auch genau darauf, ob eine regelmäßige Reinigung ihrer Katzentoilette vorgenommen wird. Sie beobachten ganz genau, ob ihr Mensch seinen Pflichten zu den entsprechenden Tageszeiten auch nachkommt. Ansonsten kann es schon einmal vorwurfsvolle Blicke geben oder sogar verbale Aufforderungen. Schließlich will man als Katze eine saubere Toilette haben, die man gern benutzt und die nicht schon von weitem stinkt wie ein öffentliches Pissoir.

Katzen haben einen ausgeprägten Zeitsinn, eine innere Uhr, die ihnen genau mitteilt, wann es für etwas Bestimmtes Zeit ist. Kurz vor der Fütterungszeit beginnt die Katze, ihren Menschen genauestens zu beobachten, um rechtzeitig mitzubekommen, wann er sich endlich erhebt und in Richtung Küche bewegt. Manche Katzen springen sogar zu einer bestimmten Uhrzeit

Katzen haben eine innere Uhr.

voller Erwartung auf und laufen schon einmal vor zum Fressnapf. Passiert dann erst einmal nichts, wird lautstark daran erinnert, dass der Magen knurrt.
Mit ihrer perfekt funktionierenden „inneren Uhr“ registriert die Katze auch den genauen Tagesablauf ihrer Familie. Deren Abwesenheits-, Mahl- und Schlafzeiten werden genau gespeichert. Die Heimkehr ihres Menschen erwartet eine Katze meistens sehnsüchtig. Sie kann schon frühzeitig erlauschen oder sogar erspüren, wann ihr Mensch nach Hause kommt. So ist es auch nicht weiter verwunderlich, dass die meisten Katzen bereits hinter der Wohnungstür warten, wenn der Halter die Tür aufschließt.
Katzen sind Gewohnheitstiere und lieben Routine. Sie reagieren daher auf ein anderes Futter unter Umständen eher mäkelig. Veränderungen im Haus oder in ihrem Revier begegnen sie skeptisch, irritiert oder sogar abweisend. Es nimmt ihnen ein Stück ihrer Sicherheit oder bedeutet den Verzicht auf eine lieb gewonnene Gewohnheit.
Das gilt auch, wenn plötzlich neue Menschen auftauchen oder andere Haustiere, die dann einfach einziehen. Die Katze wird nämlich vorher gar nicht gefragt und oftmals nicht einmal entsprechend auf ein so besonderes Ereignis vorbereitet. Sie wird einfach vor vollendete Tatsachen gestellt und soll sich gefälligst damit abfinden. Jeder sollte sich einmal überlegen, wie er reagieren würde, wenn plötzlich ein neuer Mitbewohner einzieht, ohne dass er davon in Kenntnis gesetzt wurde, geschweige denn, er ihn sich aussuchen konnte. Man lebt immerhin ab jetzt ständig zusammen auf begrenztem Raum, und der Neuzugang dringt dazu in ein bestehendes Revier ein.
Wenn Katzen sich zurückgesetzt und vernachlässigt fühlen, weil ein neuer Mensch, Artgenosse oder ein anderes Haustier auftaucht, können sie regelrecht mit Eifersucht reagieren. Dabei liegt es jedoch ganz im Naturell

„Hilfe, wer ist das denn?“

der jeweiligen Katze, ob sie sich eher zurückzieht oder aggressiv und zerstörerisch wird oder aber ihren Frust gegen sich selbst richtet und sich beispielsweise wund leckt. Es gibt immer viele verschiedene Ausdrucksformen für ein ähnliches Problem. Auch wenn der Mensch plötzlich weniger Zeit für seine Katze hat, kann dies zu einer großen Verunsicherung führen. Die Routine wird durchbrochen, es treten Schmuse- und Spieldefizite auf, und die Katze fühlt sich einfach zurückgesetzt und missachtet. Darunter leiden tut eigentlich jedes Tier, nur drückt es jedes auf eine unterschiedliche Weise aus.

Zuverlässigkeit und Rücksicht

Katzen wünschen sich vor allem, dass ihr Mensch berechenbar und immer gleichbleibend freundlich und tolerant ist. Er soll sie liebevoll behandeln und mit ihr immer in der gleichen angenehmen Weise umgehen. Darum kann es auch zu großer Verunsicherung und sogar Verängstigung kommen, wenn der Mensch plötzlich verärgert losbrüllt oder die Katze verjagt, weil er seine Ruhe haben will. Eine Katze wünscht sich einen zuverlässigen menschlichen Freund, den sie gut einschätzen und auf den sie sich immer verlassen kann. Auch eine regelmäßige und optimale Versorgung ist ihr außerordentlich wichtig, sodass sie immer ausreichend Futter, eine saubere Toilette und möglichst Hilfe bei der Fellpflege hat, damit sie keine existenziellen Ängste plagen müssen.

Hektik und Lärm sind für Katzen eine extreme Belästigung. Schließlich haben sie viel feinere und empfindlichere Sinne als der Mensch. Eine Katze verkriecht sich bei lauten Geräuschen ängstlich oder reagiert abweisend und sogar aggressiv. Hektik oder Streit versetzt sie in Alarmstimmung, da sie zusätzlich noch die starken Emotionen der Menschen mitbekommt. Laute Musik ist für das empfindliche Katzengehör eine Tortur und verursacht ein sowohl körperliches als auch psychisches Unwohlsein. Dies gilt bei unangenehmen Gerüchen wie Parfüms, anderen Duftstoffen oder stark riechenden Chemikalien ebenso für den ausgeprägten Geruchssinn der Katze.

Gefahrenquellen beseitigen

Ein besonderes Thema ist das Rauchen. Zigarettenqualm schädigt nicht nur die Gesundheit der Katze. Sie muss ihn einatmen, was ihre Lunge und die Bronchien stark belastet, und sie muss den unangenehmen Gestank, den sie um ein Vielfaches intensiver wahrnimmt, ertragen. Der Qualm zieht in ihr Fell, sodass sie selbst danach stinkt und bei jedem Putzen Schadstoffe aufnimmt. Spielt die Katze mit Zigarettenkippen und frisst davon, kann es nach Speicheln und Erbrechen zum Atemstillstand kommen. Nikotin wirkt nämlich auf das Atemzentrum einer Katze und kann sie töten. Ich habe es oft erlebt, dass Katzenhalter ihre Katze(n) zwar heiß und innig lieben und fast alles für sie tun würden – fast. Leider ist die Liebe nicht groß genug, um den Tieren diese extreme Belastung zu ersparen. Die Sucht ist stärker als die Liebe. Das allein sollte doch schon zu denken geben. Ich empfinde es als einen der größten Liebesbeweise, wenn jemand für seine Katze das Rauchen aufgibt. Abgesehen davon, dass er sich selbst, seiner Gesundheit, seiner Attraktivität – er riecht jetzt angenehmer für Mensch und Tier – und seinem Geldbeutel einen großen Gefallen tut.

Schützen Sie Ihre Katze vor einem heißen Bügeleisen und heißen Herdplatten!

Es lauern natürlich noch weitere unzählige Gefahrenquellen. Für die Katze besteht Verbrennungs-, Erstickungs- und Verletzungsgefahr sowie die Gefahr von Hitzschlag, Ertrinken oder Vergiftung. Giftige Substanzen können von der Katze oral über den Magen-Darm-Trakt, über die Haut oder durch Inhalation über die Atemwege aufgenommen werden.

Aspirin beispielsweise hemmt die Blutgerinnung und führt zu Magenbluten, Leber- und Knochenmarkschäden sowie Blutbildveränderungen. Teebaumöl, das viele Menschen unsinnigerweise ihrer Katze ins Fell träufeln, um Flöhe und Zecken fernzuhalten, führt zu einer Vergiftung, die sich in Taumeln, chronischem Abmagern, Zittern, Unruhe und Schwäche äußert und eine Katze schon in geringster Menge töten kann. Auch Schokolade wirkt durch das enthaltene, für den Menschen ungefährliche Theobromin bei Katzen stark toxisch. Es kann zu Hecheln, Erbrechen, Durchfall, Herzrasen und Krampfanfällen kommen.

Bei allen heißen Gegenständen wie Herdplatten, Töpfen, Backofen, Bügeleisen, Toaster, Grill und Kerzen besteht Verbrennungsgefahr für die Katze. In der Wasch- oder Spülmaschine, Tiefkühltruhe, dem Wäschetrockner, der Mikrowelle, in Bodenvasen oder Plastiktüten besteht Erstickungsgefahr für die Katze. (Schwing-)Türen, Schubladen, Schränke und vor allem Kippfenster stellen eine hohe Verletzungsgefahr dar. Wenn ich höre, dass eine Tierklinik in Ber-

Hier kann viel passieren!

lin als häufigste „Krankheit“ bei Katzen Fenster- und Balkonstürze nennt, erfasst mich aufgrund dieses mangelnden Verantwortungsbewusstseins eine unsagbare Wut. So etwas kann man seinem Tier nun wirklich ersparen.

Herumliegende Steck- oder Nähnadeln, vor allem wenn ein Faden daran hängt, können gefährlich sein und verschluckt werden. Außerdem können Nadeln, Nägel, Schrauben, Draht, Heftzwecken, Messer oder Scheren die Pfoten verletzen. Auch spitze Haushalts- und Gartengeräte sowie Handwerks- und Nähzeug dürfen nicht einfach herumliegen. Gefährlich sind ebenfalls Radiergummis, Gummi- und Geschenkbänder, Wollfäden, in denen die Katze sich verfangen kann, sowie Murmeln, Perlen, Lametta, Haarklammern und Streichhölzer. Mixer oder Quirl dürfen nie unbeaufsichtigt in Betrieb sein. Das gilt für sämtliche elektrischen Geräte, denn wenn die Katze mit dem Kabel spielt und dadurch das Gerät herunterreißt, kann viel Schlimmes geschehen.

Knabbern an Stromkabeln oder Spielen mit der Pfote in einer Steckdose können für eine Katze tödlich enden. Gefahr besteht generell auch bei kleinen, verschluckbaren oder spitzen sowie scharfkantigen Gegenständen. An den Dornen oder Stacheln von Zimmerpflanzen kann sich eine Katze verletzen. Außerdem sind viele Pflanzen für sie giftig.

Die Katze niemals im geparkten Auto oder auf dem Balkon direkter

Auf Freigänger lauern draußen sehr viele Gefahren.

Sonnenbestrahlung aussetzen, da sie sonst einen Hitzschlag bekommen kann. Eine gefüllte Badewanne, ein Teich, Swimmingpool oder offene Wassertonnen können für eine Katze zu einer tödlichen Falle werden, in der sie ertrinkt.
Für Freigänger lauern draußen natürlich viele weitere Gefahren wie vom Auto überfahren, vom Jäger erschossen, gestohlen oder gequält, vergiftet, von anderen Tieren angegriffen oder infiziert zu werden. Darum sollten Sie sich genau überlegen, ob die große Freiheit wirklich ein Geschenk für Ihre Katze ist oder ob es nicht doch fürsorglicher ist, ihr einen gesicherten Freigang im eingezäunten Garten oder auf dem vernetzten Balkon zu ermöglichen.

Lob und Konsequenz

Befehle und Vorwürfe stoßen bei Katzen auf Ablehnung, zumal sie den Zusammenhang meistens gar nicht verstehen oder was der Mensch eigentlich von ihnen will. Am besten ist es, die Katze dazu zu animieren, aus Neugier und Spieltrieb freiwillig etwas Bestimmtes beziehungsweise etwas anderes zu tun. Kommt uns das nicht aus dem menschlichen Bereich sehr bekannt vor?
Katzen sollten viel gelobt werden, denn nur dann können sie erkennen, welches Verhalten erwünscht ist. Darüber hinaus motiviert Lob einfach. Auch Konsequenz ist für die Katze immens wichtig, damit sie erkennen kann, was erlaubt und was verboten ist. Vor allem sollten Sie niemals nachtragend sein, indem Sie die Katze für ein Vergehen aus Ärger mit Missachtung strafen. Sie kann das überhaupt nicht verstehen, weil der zeitliche Zusammenhang zur Tat definitiv fehlt, und wird dadurch sehr verunsichert.

Action und Kuscheln

Katzen brauchen das regelmäßige interaktive Spiel mit ihrem Menschen. Spielen hält sie bis ins hohe Alter fit und gesund, denn es ersetzt die Jagdaktivitäten. Darüber hinaus ist es wichtig für die psychische Ausgeglichenheit, weil der aufgestaute Jagdtrieb auf diese Weise abreagiert werden kann und die Katze wichtige Erfolgserlebnisse hat.
Katzen bauen meistens eine enge Beziehung zu ihrem Menschen auf und brauchen zärtlichen Körperkontakt wie Schmusen und Streicheln. Wenn die Katze dieses Bedürfnis durch ihre Körper-

Dieser Kater plädiert demonstrativ für eine Pause.

oder auch Lautsprache äußert, sollten Sie sich immer die Zeit nehmen, um zumindest kurz darauf einzugehen. Auch wenn ihr meistens gerade dann danach ist, wenn Sie interessiert die Zeitung lesen, angespannt vor dem Computer hocken oder einer anderen äußerst wichtigen Tätigkeit nachgehen. Natürlich fühlt sich die Katze in einer solchen Situation am ehesten vernachlässigt. Sie können es aber auch so sehen, dass sie es aus völliger Uneigennützigkeit tut, nur um Ihnen eine angenehme Pause zu verschaffen. Gerade Katzen wissen eben, dass Stress absolut ungesund ist.

Neugier befriedigen

Regelmäßige Ansprache, genügend Aufmerksamkeit und das Einbezogenwerden in den Alltag sind für Katzen ebenfalls wichtig. Das betrifft ebenso interessante Reize, denen die Katze ausgesetzt werden sollte. Wenn Sie mit einer vollen Einkaufstüte oder einer anderen neuen Errungenschaft nach Hause kommen, sollten Sie es der Katze nicht verwehren, alles genauestens zu inspizieren. Überhaupt sind die meisten Katzen neugierig und lieben es, Neues oder Ungewöhnliches genau zu untersuchen. Manche beobachten ihren Menschen auch bei bestimmten Tätigkeiten sehr aufmerksam, um den Grund für sein eigenartiges Tun herauszufinden. Je mehr positive Reize eine Katze erhält, desto intelligenter wird sie. Außerdem

„Was ist denn da drin? Das muss ich mir mal genauer ansehen."

reagiert sie dann nicht mehr so leicht gestresst oder verunsichert, wenn sie mit unvermeidlichen Veränderungen oder neuen Dingen konfrontiert wird.

Rücksichtnahme

Katzen benötigen lange Schlaf- und Ruhephasen. Dies sollten Sie selbstverständlich absolut respektieren. Wird keine Rücksicht genommen, sondern die Katze häufig im Schlaf gestört, wird sie krankheitsanfällig und kann mit Verhaltensauffälligkeiten reagieren. Auch dass eine Katze beim Fressen in Ruhe gelassen werden muss, versteht sich von selbst. Dies gilt unbedingt auch beim Trinken, denn jeder Katzenhalter sollte froh und dankbar sein, wenn er seine Katze trinken sieht. Oftmals trinken Katzen nämlich nicht genug, was zu Blasensteinen und Harngrieß führen kann.

Kontrolle muss sein

Die Wohnung ist das Revier der Katze, dessen gründliche Inspektion durch geschlossene Zimmertüren vereitelt würde. Deshalb sollte es möglichst keine Sperrbezirke geben. Wenn aus einem wirklich triftigen Grund der Zutritt zu einem bestimmten Raum nicht gestattet werden soll, müssen Sie diese Tür immer für die Katze verschlossen halten und ihr den Zutritt konsequent verwehren. Das Schlafzimmer tagsüber betreten zu dürfen, nur nachts nicht, ist eine Regelung, die nicht funktionieren kann. Aber dafür gibt es ja auch keinen triftigen Grund, oder?

Fürsorglichkeit zahlt sich aus

Eine fürsorgliche, regelmäßige Gesundheitskontrolle von Fell, Augen, Maul, Zähnen und Verdauung ist wichtig. Nur dann fallen Veränderungen bereits im Frühstadium auf und können durch den Tierarzt rechtzeitig und einfach behandelt werden.

Diese Katze darf ins Bett, was ihr sichtlich gefällt.

GOLDENE REGELN
FÜR EINE ARTGERECHTE HALTUNG

1. Katzen lieben feste Zeiten für die Fütterung, Schmuse- und Spielstunden, Ruhe- und Schlafphasen, den Freigang, die Heimkehr ihres Menschen, die Körperpflege sowie die regelmäßige Reinigung ihrer Katzentoilette, denn sie haben einen ausgeprägten Zeitsinn.

2. Katzen sind Gewohnheitstiere und lieben Routine. Auf einen Futterwechsel, abweichende Lebensgewohnheiten ihres Menschen, Veränderungen in Haus und Revier, auf neue Zwei- oder Vierbeiner reagieren sie irritiert oder abweisend.

3. Wenn Katzen sich zurückgesetzt und vernachlässigt fühlen, weil ein neuer Mensch oder Artgenosse auftaucht oder der Halter weniger Zeit hat, reagieren sie oftmals mit Eifersucht.

4. Hektik, Lärm und unangenehme Gerüche sind für Katzen eine Zumutung. Zigarettenqualm schädigt darüber hinaus ihre Gesundheit. Auch andere Gefahrenquellen sollten unbedingt ausgeschaltet werden.

5. Befehle und Vorwürfe stoßen bei Katzen auf Ablehnung. Sie sollten viel gelobt werden, um erkennen zu können, welches Verhalten erwünscht ist. Auch Konsequenz ist für Katzen wichtig, um zu verstehen, was erlaubt und was verboten ist.

6. Katzen brauchen das regelmäßige Spiel mit ihrem Menschen, denn es hält sie fit, gesund und macht sie ausgeglichen, da sie dadurch ihren Jagdtrieb abreagieren können.

7. Katzen brauchen liebevollen Körperkontakt wie Schmusen und Gestreicheltwerden, Ansprache, Aufmerksamkeit und Einbezogenwerden in den Alltag. Je mehr positive und anregende Reize eine Katze erhält, desto intelligenter wird sie.

8. Katzen benötigen lange Schlaf- und Ruhephasen. Wenn sie dabei häufig gestört werden, werden sie krankheitsanfällig und reagieren mit Verhaltensauffälligkeiten.

9. Für Katzen sollte es in der Wohnung möglichst keine Sperrbezirke geben. Durch geschlossene Türen ist der Katze eine vollständige Inspektion ihres Reviers nicht möglich.

10. Fürsorglich sollten Sie eine regelmäßige Gesundheitskontrolle durch das Beobachten von Fell, Augen, Maul, Zähnen und Verdauung durchführen.

Intelligenz- und Futterspiel für die Katze

DER RICHTIGE UMGANG

Die heutige Gemeinschaft mit dem Menschen ist aus Katzensicht sehr praktisch. Sie bekommen regelmäßig ihr Futter, ohne sich dafür anstrengen zu müssen, ihr Heim bietet ihnen Schutz, Wärme sowie Bequemlichkeit, und sie werden beachtet und geliebt. Viele Menschen betrachten eine Katze jedoch als ihren Besitz. Dabei wird niemand jemals eine Katze besitzen können. Man ist mit ihr befreundet, doch bei aller Zuneigung unterwirft sich eine Katze niemals, und weder das schmackhafteste Futter noch der bequemste Ruheplatz erzeugen eine echte Abhängigkeit. Schon manche Katze ist einfach abgewandert und hat sich ein neues Zuhause gesucht. Katzen bleiben immer eigenständige und selbstständige Wesen und betrachten den Menschen als gleichberechtigten Partner.

Eine Katze kann abwandern, um sich ein anderes Zuhause zu suchen.

Katzen entscheiden nach ganz eigenen Gesichtspunkten, ob ihnen Mensch und Heim gefallen. Manche Freigänger kehren freiwillig nicht mehr zurück, weil ihr Mensch aus Katzensicht unverzeihliche Fehler begangen hat oder sie sich dort einfach nicht mehr wohlfühlen. Es kann schon reichen, plötzlich nicht mehr im Mittelpunkt zu stehen, weil ein Baby auftaucht, eine wichtige Bezugsperson nicht mehr da ist oder die Katze zu viel allein gelassen wird. Auch ein lärmender Umbau, wiederholtes Umräumen der Möbel oder ein Umzug können einer Katze ihr Zuhause verleiden. Manchmal nervt sie auch einfach das ständige Zusammensein mit einem Artgenossen. Für Freigänger ist ein Ausweichen kein Problem, eine reine Wohnungskatze dagegen muss sich stattdessen unter Umständen ein Ventil in Form von Verhaltensauffälligkeiten suchen.

Die Qualitäten eines Katzenhalters

Ihre wichtigste Eigenschaft als Katzenhalter sollte Toleranz sein, um der Katze viel Freiraum für ihr Eigenleben einzuräumen. Das absolute Vertrauen einer Katze ist die wichtigste Voraussetzung für

ein enges Zusammenleben mit dem Menschen. Das erfordert von beiden Seiten Anpassungsbereitschaft, und Sie sollten dabei Rücksicht auf die Eigenheiten Ihrer Katze nehmen.
Die Verbindung zwischen Katze und Mensch ist in den meisten Fällen sehr eng und hat Auswirkungen auf die Gesundheit sowie das Wohlbefinden der Katze. Sie leidet unter einem bewussten strafenden Liebesentzug oder aber unbewusster Ablehnung und Missachtung, weil Sie zu viel zu tun haben. Ihre Krankheitsanfälligkeit nimmt zu und ihr Lebenswille kann geschwächt werden.
Nur wenn einer Katze ein Gefühl von Geborgenheit vermittelt, sie liebevoll gepflegt und versorgt und ihr Zuneigung entgegengebracht wird, fühlt sie sich richtig wohl. Genauso wichtig sind ein rücksichtsvoller und einfühlsamer Umgang sowie dass ihre Bedürfnisse, Eigenarten und Gemütsregungen respektiert werden. Für Ihre Katze sollten Sie lieb gewonnene Gewohnheiten beibehalten, in allen Dingen eine zuverlässige Regelmäßigkeit an den Tag legen und Veränderungen jeder Art nach Möglichkeit vermeiden.
Eine Katze ordnet den einzelnen Familienmitgliedern manchmal sogar feste Aufgabengebiete zu. Sie unterscheidet zwischen Futtergeber, Spiel-, Rauf- und Schmusepartner. Ist dies alles in einer Person vereint, ist das ihre absolute Bezugsperson. Unbekannten Menschen gegenüber verhalten sich die meisten Katzen distanziert, zurückhaltend bis ausgesprochen scheu, wobei es aber natürlich auch äußerst kontaktfreudige Katzen gibt.

Diese Katze fühlt sich sichtlich wohl.

Die Bedürfnisse der Katze

Den überwiegenden Teil ihres Tages verbringen Katzen abwechselnd in einem leichten Halbschlaf oder in einem dösenden Zustand, nehmen ihre Umwelt jedoch weiterhin akustisch wahr. Aus diesem Ruhezustand heraus sind Katzen jederzeit von einem Moment zum anderen hellwach. Wird die Katze angesprochen oder reagiert auf ein interessantes Geräusch, bewegen sich ihre Ohren und folgen den Geräuschen in der Umgebung. Die Augen öffnet die Katze dagegen nur, wenn sie vielversprechende oder unbekannte Geräusche wahrnimmt. Es handelt sich um einen Zustand absoluter Entspannung und gleichzeitiger Aufmerksamkeit. Lassen Sie die Katze dabei bitte in Ruhe.

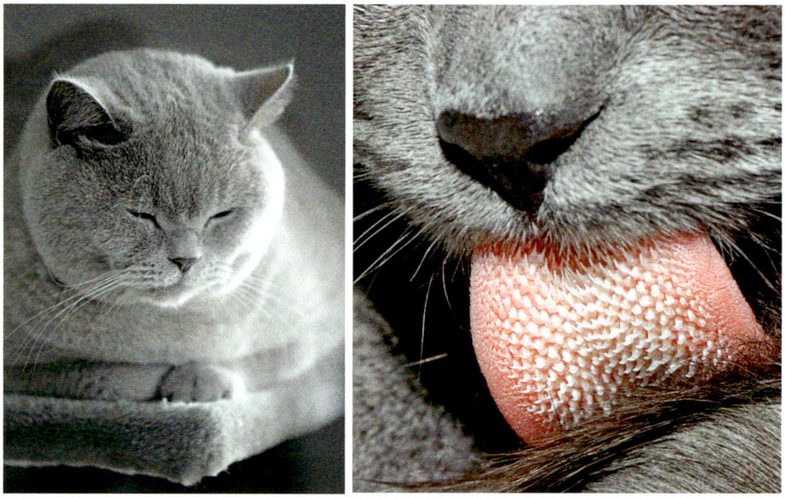

Links:Eine dösende Katze
Rechts: Raue Katzenzunge bei der der Fellpflege

Eine Katze verbringt bis zu drei Stunden täglich mit Fell- und Krallenpflege. Dazu sucht sie gern einen sicheren Platz mit einem guten Überblick auf. Dieser sollte warm, trocken und nicht zu klein sein, damit sie sich ausstrecken kann. Sie putzt sich vorwiegend vor dem Ruhen, nach dem Schlafen und natürlich ausgiebig nach dem Fressen.

Eine Katze widmet den größten Teil ihres Lebens der Befriedigung ihrer Grundbedürfnisse und sorgt für ihre eigene Zufriedenheit. Trotzdem braucht sie unbedingt Ihre Unterstützung:

VERSORGUNG: geregelte, ausgewogene, gesunde Ernährung, Gesundheitsvorsorge (regelmäßige Impfungen und Gesundheitskontrollen durch den Tierarzt), regelmäßige Körper- und Fellpflege

SICHERHEIT: einen geregelten Tagesablauf mit vielen angenehmen Routinehandlungen; Ausschalten von Gefahrenquellen

EINE KATZENGERECHTE UMGEBUNG: mit vielen Kletter-, Kratz-, Versteck- und Beschäftigungsmöglichkeiten

EINBEZOGEN WERDEN: Teilnahme am Familienleben, Ansprache

BESCHÄFTIGUNG UND ZEIT: regelmäßige Spielstunden

ZUWENDUNG: tägliche Schmusestunden

PRIVATSPHÄRE: gemütliche Plätze, wohin sie sich zurückziehen und ihre Ruhe haben kann

VERSTÄNDNIS: für ihr kätzisches Verhalten

Das Wesen der Katze

Katzen sind von Natur aus sehr neugierig und erkunden ihre Umgebung bis ins kleinste Detail, denn sie müssen sich vor Feinden sicher fühlen, für den Notfall zur Verfügung stehende Fluchtwege kennen und wollen über alle Veränderungen und Neuerungen in ihrem Revier genau Bescheid wissen. Auch sämtliche Aktivitäten ihres Menschen werden genau beobachtet, und sie wollen möglichst bei allem dabei sein.

Eine Katze kann auch durchaus Besitzansprüche an eine bestimmte Person stellen und es nicht ertragen, wenn sich ein anderes Tier

Katzen sind neugierig und beobachten alles ganz genau.

oder ein Mensch in diese Beziehung drängt. Dann reagiert sie ganz ihrem Temperament entsprechend, wird entweder aggressiv oder depressiv, legt sich diverse Unarten zu, kränkelt plötzlich, um wieder mehr Aufmerksamkeit zu bekommen, oder zieht sich einfach zurück.

Kaum ein Tier zeigt dem Menschen so deutlich seine Stimmungen, Wünsche und Ängste wie eine Katze. Sie wiederholt ihr Verhalten auch immer wieder in der gleichen Weise in bestimmten Situationen, sodass sich der Zusammenhang leicht verstehen lässt. Durch genaues Beobachten Ihrer Katze und das richtige Deuten ihrer Laut- und Körpersprache können Sie mit der Zeit genau erkennen, was sie ausdrücken will. Umgekehrt ist Ihre Katze ebenso in der Lage, bestimmte Worte und Gesten von Ihnen zu verstehen. Da für sie Körpersprache besonders wichtig ist, schenkt sie dieser Ausdrucksform auch beim Menschen große Beachtung. Um die menschliche Lautsprache zu verstehen, orientiert sie sich eher am Wortklang und an der Stimmlage.

Damit die Katze lernen kann, Sie zu verstehen, sollten Sie mit ihr sehr viel in einem ruhigen Tonfall sprechen. Verbinden Sie bestimmte Aussagen mit Gesten wie beispielsweise einer winkenden Handbewegung bei „Komm her!“ oder einem erhobenen Zeigefinger bei „Nein!“. Verwenden Sie für wichtige Dinge, Tätigkeiten oder Aufforderungen immer dieselben Worte.

Damit Sie Ihre Katze verstehen lernen, sollten Sie sie mit Interesse beobachten, sich viel mit ihr beschäftigen und sie am Familienleben teilnehmen lassen. Bitte legen Sie keine menschlichen Verhaltensmaßstäbe an und vergleichen Sie die Katze auch nicht mit einem Hund. Tauschen Sie Erfahrungen mit anderen Katzenhaltern aus und lesen Sie viel Literatur über Katzen. Im Notfall sollten Sie sich von einem Fachmann (Tierarzt, Tierpsychologe, Züchter) beraten lassen.

Die Kontaktaufnahme

Katzen untereinander nehmen immer zuerst auf irgendeine Art Verbindung auf, ehe sie sich berühren. Ein plötzlicher überraschender Körperkontakt Ihrerseits kann die Katze daher sehr erschrecken, und sie reagiert unter Umständen mit Angst oder einem Verteidigungsangriff.
Katzen fühlen sich bedroht, wenn jemand allzu rasch auf sie zukommt und dabei einen gewissen Mindestabstand unterschreitet. Dieser Abstand ist von Katze zu Katze und von Situation zu Situation unterschiedlich. Das Unterschreiten merken Sie daran, dass die Katze wegläuft oder nach Ihrer sich nähernden Hand schlägt. Das geschieht vor allem dann, wenn die Katze gerade schläft und urplötzlich angefasst oder gestreichelt wird, denn das bedeutet für sie Gefahr. Sie sollten sich also nur ganz langsam und vorsichtig nähern sowie leise mit der Katze reden, bevor Sie sie berühren. Auch beim Fressen und bei der Körperpflege sollten Sie die Katze rücksichtsvoll in Ruhe lassen.
Katzen mögen es auch überhaupt nicht, wenn sie mit starrem Blick fixiert werden. Das wirkt auf sie bedrohlich und aggressiv. Sie sollten also den Blick ein bisschen schweifen lassen beziehungsweise zwischendurch immer wieder wegschauen. Das gilt vor allem bei einer beunruhigten oder fremden Katze. Auch Blinzeln ist empfehlenswert, denn das bedeutet unter Katzen „Ich bin freundlich gestimmt" und wird zur Beschwichtigung benutzt. Alle katzenartigen Raubtiere blinzeln ihren Artgenossen zu, wenn sie Spannungen entschärfen oder Bindungen verstärken wollen.
Gähnen bedeutet unter Katzen nicht nur Müdigkeit, sondern dient ebenfalls der Beschwichtigung: „Ich bin friedlich, bitte sei du es auch." Auch Sie können diese Geste anwenden, um eine Katze zu beruhigen.
Fremde Katzen bewegen sich vorsichtig aufeinander zu und beschnuppern sich gegenseitig. Darum sollten auch Sie einer fremden, schüchternen oder misstrauischen Katze die Möglichkeit zu einer Geruchskontrolle geben, indem Sie sich ihr langsam nähern und eine Hand zum

„Hallo! Schön, dass Du da bist.“

Beschnuppern hinstrecken. Die Katze muss von sich aus kommen und Sie dürfen auf keinen Fall einfach nach ihr greifen, wenn sie ausweicht. Tatsache ist, dass Katzen vorsichtig sind und erst zutraulich werden, wenn sie sicher sind, dass ihnen nichts passieren kann und es jemand gut mit ihnen meint. Deshalb vermeiden Sie alles, was der Katze Angst macht, wie hektische Bewegungen, lautes Reden, sie einfach nehmen oder festhalten. Nach Beendigung eines Kontakts sollten Sie die Katze nie einfach wegschubsen, sondern langsam weggehen.

Katzen bevorzugen eine zurückhaltende, dezente Art der Kommunikation. Sie mögen keine aufdringlichen Menschen, die gleich versuchen sie anzufassen, ihnen ihren Willen aufzuzwingen oder sie penetrant locken. Darum sind es häufig gerade die Menschen, die eigentlich keine Katzen mögen, denen Katzen sich von selbst nähern. Diese haben nämlich den Augenkontakt mit der Katze vermieden und eine defensive Körperhaltung eingenommen, was auf Katzen ungemein höflich wirkt und deshalb mit wohlwollender Freundlichkeit belohnt wird.

Da sich befreundete Katzen untereinander grüßen, sollten auch Sie Ihrer Katze einen „Guten Morgen“ wünschen, sich verabschieden oder sie begrüßen, wenn Sie nach Hause kommen. Die Katze grüßt meist mit einem freundlichen Laut zurück und reibt sich an Ihnen mit hochgerecktem Schwanz.

Das Streicheln

Streicheln ist ein Zuneigungsbeweis und hat auch eine positive Wirkung auf uns Menschen, denn es senkt den Blutdruck und lindert Stress. Katzen erinnert es an die Zunge ihrer Mutter, sie assoziieren damit Fürsorge und reagieren mit Zufriedenheit und Wohlbefinden. Sie sollten immer nur in Richtung des Haarwuchses und nicht gegen den Strich streicheln. Die meisten Katzen lassen sich gern an der Brust und im Nacken streicheln, aber auch am Kopf, da diese Stellen für sie selbst nicht leicht oder gar nicht zugänglich sind. Eine entspannte Katze genießt es ebenso, am Rücken gestreichelt zu werden.

Wenn sich eine Katze auf den Rücken dreht und ihren Bauch präsentiert, ist dies ein großer Vertrauensbeweis. Trotzdem ist es nicht immer auch eine Aufforderung, sie dort zu streicheln, sondern kann mit erschrecktem Kratzen oder Beißen geahndet werden. Katzen sind am Bauch besonders empfindlich und können deshalb leicht reflexartig reagieren. Für eine kämpfende Katze ist die Rückenlage zudem eine äußerst effektive Abwehrstellung, weil sie es ihr erlaubt, gleichzeitig Krallen und Zähne einzusetzen und zu treten.

Katzen schmusen gern – aber nur dann, wenn sie es wollen. Wer ihnen Streicheleinheiten aufdrängt, bekommt ihre Krallen zu spüren. Katzen mögen oftmals auch keinen konstanten körperlichen Kontakt. Dieser kann eher verwirrend auf sie wirken, da sich Katzen untereinander meistens nur kurz berühren. Es kann aber auch sein, dass sie das Streicheln zuerst genießen, und plötzlich bricht durch irgendeine Kleinigkeit, wie ein überraschendes Geräusch, eine minimale Änderung der Situation oder das plötzliche Verändern des Streicheltempos, der Abwehrreflex durch.

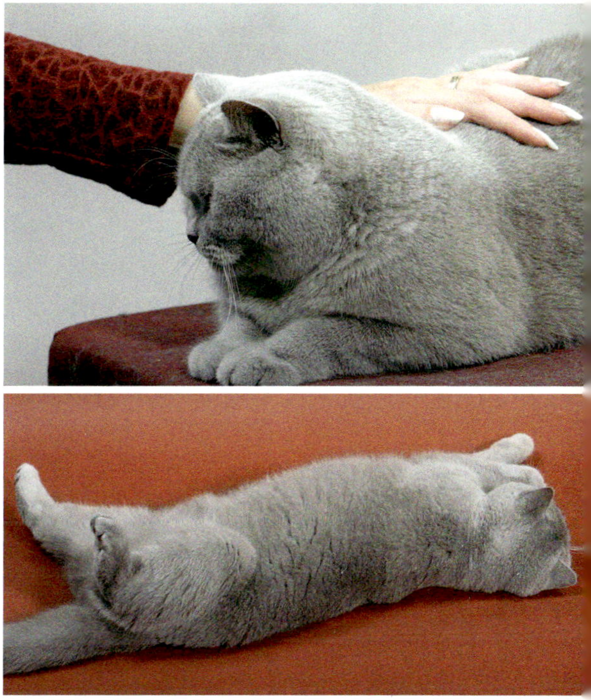

Streicheleinheiten: am Rücken ja, am Bauch Vorsicht!

„Aufpassen, ich habe scharfe Krallen!“

Katze in einer geschlossenen Körperhaltung

Sie sollten daher beim Streicheln mit Ihrer ganzen Aufmerksamkeit bei der Katze sein. Nur dann sind Ihre Streicheleinheiten wirklich zärtlich und wohltuend. Wer weiß nicht, wie unangenehm es ist, wenn man immer auf derselben Stelle gestreichelt wird oder halbherzig in einem unpassenden mechanischen Tempo beziehungsweise an der falschen Stelle?
Wenn Sie darauf achten, bemerken Sie es sofort, wenn sich die Körpersprache der Katze verändert, weil ihre Stimmung umschlägt. Eine Katze greift nie ohne Vorwarnung an, sondern kündigt dies immer an. Ihr Gesicht wirkt nicht mehr so entspannt, und die Ohren beginnen sich unwillig zu bewegen, werden seitwärts gedreht und schließlich flach angelegt. Manchmal wird auch eine Vorderpfote abwehrend erhoben oder mit dem Schwanz geschlagen. Dann sollten Sie das Streicheln sofort einstellen.
Katzen brauchen ebenso wie Menschen mitunter Distanz und zeigen das meist durch eine „geschlossene" Körperhaltung mit untergeschlagenen Pfoten oder aufrecht sitzend mit um die Vorderpfoten gelegtem Schwanz. Dann möchten sie einfach in Ruhe gelassen werden. Wenn sie dagegen gern schmusen möchten, zeigen sie auch dies unmissverständlich, indem sie einfach damit anfangen.

Richtiges Hochheben und Tragen

Kommen Sie nie von hinten und heben Sie die Katze einfach ohne Vorwarnung hoch. Sie sollten sich der Katze so nähern, dass Sie von ihr gesehen werden. Sprechen Sie freundlich mit ihr und streicheln Sie sie. Dann greift die eine Hand unter den Brustkorb und die an-

Zwei Möglichkeiten, eine Katze sicher zu tragen.

dere zwischen den Hinterpfoten hindurch unter den Bauch. Anschließend stützen Sie die Hinterbeine und das Hinterteil mit einer Hand ab, weil sonst die Wirbelsäule zu sehr belastet wird, aber ohne die Pfoten dabei zu fest zu drücken. Lehnen Sie die Katze leicht gegen Ihre Brust, gibt ihr das ein zusätzliches Sicherheitsgefühl. Sie können aber auch mit der einen Hand Hinterbeine und Gesäß stützen, während der Oberarm schützend gegen den Rücken der Katze lehnt. Mit der anderen Hand werden Vorderbeine sowie Kopf und Hals gestützt, sodass sie also aufrecht auf Ihrem Arm sitzt. Wichtig ist, dass Sie die Katze sicher und bequem halten und sie sich gleichzeitig beschützt sowie wohlfühlt.
Eine weitere Möglichkeit ist, beide Hände um den Rumpf der Katze zu legen, sie hochzuheben und dann rücklings wie ein Baby in den Arm zu legen. Es ist von Katze zu Katze unterschiedlich, welche Methode bevorzugt wird. Sie sollten auf jeden Fall ihre individuelle Vorliebe berücksichtigen. Katzen dürfen nie am Nackenfell oder an den Pfoten hochgehoben werden. Es gibt auch Katzen, die auf keinen Fall auf den Arm wollen. Bitte respektieren Sie das. Die Katze verliert den sicheren Boden unter den Pfoten und wird dann auch noch festgehalten. Sie fühlt sich dann regelrecht ausgeliefert. Setzen Sie sie sofort vorsichtig hinunter, sobald sie sich wehrt.
Am besten gewöhnen Sie eine Katze daran, indem Sie sie regelmäßig, aber immer nur für kurze Zeit auf den Arm nehmen. Auf keinen Fall darf die Katze mit Gewalt gegen ihren Willen auf dem Arm gehalten werden. Wichtig ist ebenfalls, die Katze anschließend langsam und vorsichtig abzusetzen und erst loszulassen, wenn sie wieder sicheren Boden unter allen vier Pfoten hat. Es gibt immer einmal Anlässe, wo die Katze hochgehoben werden muss, und sei es beim Tierarzt. Darum sollte sie möglichst daran gewöhnt sein.

Beute-Geschenke

Katzen folgen einfach ihrem Instinkt, wenn sie ein Beutetier erlegen, und es ist für sie nichts Verwerfliches. Die Katze bringt eine Maus oder einen Vogel mit nach Hause und legt Ihnen das Tier manchmal direkt vor die Füße. Wenn sie jetzt ausgeschimpft wird, glaubt sie, dass ihre Beute nicht gut genug war, und geht erneut auf die Jagd. Sie sollten sie also nicht schimpfen oder bestrafen, son-

dern die Beute als liebevoll gemeintes Geschenk annehmen und die Katze loben. Sollte das Beutetier noch leben, können Sie versuchen, es zu fangen und unbemerkt draußen auszusetzen oder es durch Öffnen der Tür von allein hinauslaufen lassen. Ein bereits getötetes Tier können Sie unauffällig entsorgen.
Es gibt unterschiedliche Ansätze für dieses Verhalten der Katze. Bringt sie Ihnen getötete Beute, will sie Sie aus Zuneigung mit Nahrung versorgen. Bringt sie ein lebendes Tier mit nach Hause, möchte sie Sie dazu ermuntern, zu lernen, die Beute selbst zu erlegen. Das ist also ein noch größeres Kompliment, weil sie Sie für reif genug hält, dies zu schaffen.

Die Katze in der Wohnung

Sie schaffen regelrecht mehr Wohnfläche, wenn Ihre Katze nicht nur den Fußboden, sondern dazu noch die dritte Dimension eines Raumes zur Verfügung hat. Katzen führen in der Regel ein auf den zweidimensionalen Bereich des Fußbodens beschränktes Leben. Vor allem dann, wenn sämtliche Regale vollgestellt, die Schränke zu hoch sind und ihnen keine Aufstiegsmöglichkeiten geboten werden sowie Tische, Couch und Küchenzeile tabu sind. Abgesehen davon ist es fast unmöglich, eine Katze von all diesen erhöhten Plätzen fernzuhalten, denn spätestens, wenn Sie außer Haus sind, liegt sie auf dem Esstisch oder inspiziert die Anrichte.
Mit dauernder Bestrafung und vielen Tabuzonen verschlechtert sich nur die Beziehung zwischen der Katze und Ihnen, ohne den gewünschten Erfolg zu haben. Es ist viel effektiver, sich auf wenige absolute Tabuzonen wie beispielsweise den Esstisch und die Küchenarbeitsfläche mit dem gefährlichen Herd zu beschränken. Zusätzlich müssen natürlich genügend andere Alternativangebote in Form von erhöhten Sitzmöglichkeiten geschaffen werden, wie beispielsweise die Fensterbank. Katzen lieben einfach höher gelegene Sitzplätze und brauchen sie, um sich sicher zu fühlen, sich zurückziehen zu können sowie für einen besseren Überblick. Darum klettern viele Katzen draußen auch auf Bäume. Unten am Boden sehen sie immer nur das Gleiche und stets aus der gleichen Perspektive. Von oben können sie jedoch Dinge sehen, die von unten gar nicht

Katzen genießen den Ausblick, Überblick und Schutz, den ihnen ein Baum bietet.

sichtbar sind, und haben einen Panoramablick über alles. Wir möchten doch auch nicht immer nur auf dem Boden kriechen, sondern freuen uns über die Möglichkeiten, die uns der aufrechte Gang bietet.

Wollen Sie Ihrer Katze etwas zeigen, funktioniert das meistens nicht, indem Sie mit dem Finger darauf zeigen, denn sie wird nur auf den Finger sehen. Sie müssen das, was sich die Katze näher anschauen soll, mit dem Finger direkt antippen. Nur dann kann sie es wahrnehmen.

Ich persönlich glaube, dass Katzen es übel nehmen, ausgelacht zu werden, und eine Entschuldigung erwarten, wenn man ihnen aus Versehen beispielsweise auf den Schwanz tritt. Es sind sensible Wesen, die ein ausgeprägtes Gespür für diese Schwingungen haben, ohne genau die Worte verstehen zu müssen. Sie erwarten einfach Verständnis und Respekt vom Menschen. Katzen können sehr genau unterscheiden, ob sie aus Versehen oder mit Vorsatz getreten wurden.

GOLDENE REGELN
FÜR DEN RICHTIGEN UMGANG

1. Zu einer zuverlässigen Versorgung gehören eine regelmäßige, ausgewogene und gesunde Ernährung, Gesundheitsvorsorge (Impfungen und Gesundheitskontrollen durch den Tierarzt) sowie die Körper- und Fellpflege.

2. Um der Katze Sicherheit zu vermitteln, sollte es einen geregelten Tagesablauf mit vielen angenehmen Routinehandlungen geben.

3. Zu einer katzengerechten Umgebung gehören viele Kletter-, Kratz- und Beschäftigungsmöglichkeiten.

4. Um Ihre Katze verstehen zu lernen, beobachten Sie sie mit Interesse, beschäftigen sich viel mit ihr und lassen sie am Familienleben teilnehmen.

5. Die Katze braucht Ansprache und Zeit von Ihnen, und vor allem regelmäßige Spielstunden sowie tägliche Schmusestunden.

6. Berücksichtigen Sie die Privatsphäre Ihrer Katze, indem sie viele gemütliche Plätze bekommt, wohin sie sich zurückziehen und ihre Ruhe haben kann. Stören Sie sie bitte nicht beim Schlafen und Fressen.

7. Haben Sie Verständnis für die Körpersprache Ihrer Katze und ihr kätzisches Verhalten. Beobachten Sie sie deshalb beim Streicheln genau, um zu erkennen, wann es ihr reicht.

8. Legen Sie keine menschlichen Verhaltensmaßstäbe an, und vergleichen Sie Ihre Katze auch nicht mit einem Hund.

9. Tauschen Sie Erfahrungen mit anderen Katzenhaltern aus, lesen Sie Literatur über Katzen und lassen Sie sich im Notfall von einem Fachmann (Tierarzt, Tierpsychologen, Züchter etc.) beraten.

10. Achten Sie auf eine rücksichtsvolle und katzengerechte Form der Kontaktaufnahme. Halten Sie die Katze niemals gegen ihren Willen fest oder auf dem Arm.

EIN HARMONISCHES MITEINANDER

Katzen brauchen Toleranz, Akzeptanz, Rücksichtnahme, Respekt, Geduld, Einfühlungsvermögen und Verständnis. All dies können wir Menschen durch sie lernen und weiterentwickeln, um es auch im menschlichen Miteinander einzusetzen.

Versetzen Sie sich in die Lage Ihrer Katze, nehmen Sie ihre Perspektive ein und sehen Sie die Dinge aus Katzensicht. Helfen Sie Ihrer Katze dabei, ihre Lebensqualität zu verbessern. Das gilt vor allem dann, wenn sie ängstlich, scheu, verunsichert, nervös, hyperaktiv, gereizt, frustriert oder traurig ist. Unterstützen Sie sie dabei, gelassener und ausgeglichener zu sein und wieder mehr in ihr inneres Gleichgewicht zu kommen.

Fehleinschätzungen, Missverständnisse und Vorurteile

Es kommt bei Katzenhaltern immer wieder zu Unverständnis und Irritationen, einer übersteigerten Erwartungshaltung sowie falschen Interpretationen. Viele Signale oder Verhaltensweisen der Katze werden oftmals missverstanden, und es gibt viele Vorurteile.

Versetzen Sie sich einmal in Ihre Katze hinein.

- Katzen sind keinesfalls launisch oder hinterlistig, sondern reagieren lediglich sehr sensibel auf die verschiedenen Einwirkungen aus der Umwelt. Außerdem zeigen sie jede Gefühlsregung durch ihre Körpersprache an und warnen somit immer vor.
- Eine Katze gehorcht zwar nicht aufs Wort wie ein Hund, gewisse Unarten können Sie ihr trotzdem abgewöhnen. Sie ist meistens auch bereit, bestimmte Regeln einzuhalten.
- Katzen schenken zwar ihrer Bezugsper-

Viele Pflanzen sind für Katzen giftig!

son in der Regel die meiste Sympathie, schließen aber auch Mitbewohner, die mit ihnen spielen, schmusen und für sie sorgen, mit ein.

▶ Katzen haben keinen Eigengeruch und riechen nur dann unangenehm, wenn sie an einer schweren Stoffwechselstörung leiden oder eine eitrige Zahnfleischentzündung haben. Das einzige, was streng riecht, ist der Urin eines unkastrierten Katers, den er zum Markieren verspritzt. Wenn es in der Wohnung nach „Katze" riecht, ist daran eine nicht häufig genug gereinigte Katzentoilette schuld.

▶ Katzen werden nach der Kastration nicht dick und faul, sondern bleiben neugierig, interessiert und schlank. Sie werden dem Menschen gegenüber anschmiegsamer und wirken insgesamt ausgeglichener.

Auch zwei Katzen brauchen Ihre Aufmerksamkeit.

- Katzen fressen in der Regel nur dann Zimmerpflanzen, um verschluckte Haarballen ausscheiden zu können, wenn sie kein Katzengras oder Malzprodukte bekommen. Sie benutzen Möbel und Tapeten in der Regel nur dann zum Kratzen, wenn sie keine andere geeignete und attraktive Kratzgelegenheit haben.
- Auch wenn sich zwei Katzen die Zeit besser vertreiben können, in der sie allein gelassen werden, brauchen sie genauso viel Zuwendung wie eine einzelne. Sie beginnen sonst oftmals durch unangemessene Verhaltensweisen die Aufmerksamkeit auf sich zu lenken.
- Katzen sind durchaus in der Lage, negative Stimmungen wahrzunehmen. Darum sollten Sie nicht abwertend über Ihre Katze reden, denn sie kann Zwischentöne aufnehmen. Negative und abfällige Bemerkungen registriert sie allein aufgrund des Tonfalls, kann sie entsprechend einordnen und reagiert aus Verunsicherung vielleicht mit einem auffälligen Verhalten.
- Anstatt sich über „den verschlagenen Blick" Ihrer Katze zu beschweren, sollten Sie es zu schätzen wissen, wenn Ihre Katze Sie mit leicht zusammengekniffenen Augen anschaut. Dieses Blinzeln ist das „Lächeln" der Katzen, das sie untereinander als Beschwichtigungsgeste und uns Menschen gegenüber als Zuneigungsbeweis einsetzen.

„Lächelnde" Katze

▸ Es handelt sich auch nicht um „gelangweiltes und ignorantes Wegschauen“, während Sie mit Ihrer Katze schimpfen. Die Katze benutzt auch diese Geste zur Beschwichtigung, um Sie nicht durch einen direkten Blickkontakt noch mehr zu provozieren und zu reizen, so wie es unter Katzen üblich ist. Sie zeigt Ihnen damit alles andere als die kalte Schulter, sondern erkennt vielmehr Ihre Dominanz an.

Die Vermenschlichung einer Katze

Ganz wichtig ist es, Katzen nicht zu vermenschlichen. Ich habe kein Problem damit, wenn mir jemand sagt: „Unsere Katze ist ein vollwertiges Familienmitglied.“ So jemand gesteht der Katze gewisse Rechte und Vorteile zu. Ich habe auch kein Problem damit, wenn mir jemand sagt: „Meine Katze ist für mich wie (m)ein Kind.“ Diese Aussage kommt übrigens sowohl von Menschen, die keine Kinder haben, als auch von welchen mit Familie. Der ersteren Gruppe wird gern unterstellt, dass die Katze ein Kindersatz wäre. In meinen Augen ist das Unsinn. Wer sich ein Kind anschaffen möchte, tut es, und wer sich stattdessen für eine Katze entscheidet, hat gute Gründe dafür. Katzen sind schließlich weitaus selbstständiger und unabhängiger.

Ich habe ebenfalls kein Problem damit, wenn ich mit der Aussage konfrontiert werde: „Tiere sind für mich die besseren Menschen. Die bedingungslose Liebe und Akzeptanz, die mir meine Katze gibt, bekomme ich von Menschen nicht und will darum mit ihnen nichts mehr zu tun haben.“ Wer von der Welt und den Menschen enttäuscht wurde, würde sich ohne ein Tier in die Einsamkeit zurückziehen und in Isolation leben. Mit einer Katze ist man jedoch nicht einsam und findet wieder einen Sinn im Leben. Dieses Wesen lehrt den Menschen, wieder in der Lage zu sein, Liebe zu empfangen und auch zu geben. Tiere lieben bedingungslos und nicht nur dann, wenn der Mensch schön, höflich und gut drauf ist sowie menschlichen Erwartungen entspricht, sondern

immer und in jeder Lebenslage. Das führt dazu, dass sich ein solcher Mensch der Welt wieder eher zuwenden kann, denn er fühlt sich geliebt und gebraucht. Um sein Tier mit allem zu versorgen, was es benötigt, muss er aus dem Haus gehen und freut sich, wenn er dabei anderen von seinem einzigartigen Tiergefährten berichten kann. Tiere sind somit die besten Therapeuten.
Für mich ist es auch keine Vermenschlichung der Katze, wenn sie besonders verwöhnt und beschmust wird. Problematisch wird es erst, wenn eine Katze fehlernährt (Schokolade ist für Katzen giftig und menschliche Nahrung völlig ungeeignet), überfüttert (führt zu Krankheiten und Beschwerden) oder gegen ihren Willen mit Zärtlichkeiten erdrückt oder in Kleidung gesteckt wird. Eine Katze ist stets artgerecht zu behandeln.
Für mich geht die Vermenschlichung einer Katze andere Wege. Ich habe eher ein Problem damit, wenn jemand rein subjektiv behauptet: „Meine Katze hat doch alles. Sie hat überhaupt keinen Grund, unsauber zu sein. Warum ist sie nur so undankbar?“ Meistens folgt dann noch die Drohung: „Wenn Sie ihr nicht helfen können, gebe ich sie weg.“ Aus menschlicher Sicht mögen die Bedürfnisse der Katze gestillt sein, aber definitiv nicht aus kätzischer. Sie sollte daher auch nicht bestraft oder verurteilt werden, weil ihr Verhalten mit menschlichen Maßstäben gemessen wird oder sie einer menschlichen Erwartungshaltung nicht entspricht.
Eine Katze hat aus ihrer subjektiven Sicht nämlich immer einen ab-

solut guten Grund, warum sie sich auffällig verhält. Es handelt sich niemals (!) um Protest, Rache, Provokation oder pure Gemeinheit. All das sind ausschließlich menschliche Beweggründe, die eine Katze nicht kennt. Das einzige, was man einer Katze unterstellen kann, ist eine gehörige Portion (gesunder) Egoismus. Ihr geht es stets darum, sich wohl und sicher zu fühlen sowie gut versorgt zu sein und alles zu haben, was sie braucht. Ich empfinde das als völlig legitim, und in meinen Augen geht jeder Mensch, der sich eine Katze anschafft, diese Verpflichtungen ein. Wenn er dazu nicht bereit ist, sollte er es besser bleiben lassen.

Ich habe ein Problem damit, wenn mir ein Katzenhalter erzählt, dass er seinen Kater zur Strafe unter die Dusche gestellt hat, um ihm zu zeigen, wer der Stärkere ist. Der Kater habe sich schließlich aus dem Hinterhalt auf seine Beine gestürzt. Dass das Tier einfach nur spielen wollte, weil es den ganzen Tag allein und gelangweilt in einer kleinen Wohnung ausharren musste, war dem Mann nicht klar. Dieser hat es auch nicht wirklich böse gemeint, denn sonst hätte er keinen Rat bei einer Katzenpsychologin gesucht, aber er hat ein Tier wie einen Menschen behandelt.

Ich versuche allerdings immer, einfühlsam und verständnisvoll zu bleiben, weil ich es einfach zu schätzen weiß, wenn jemand bereit ist, für seine Katze professionelle Hilfe zu suchen. Fast alles geschieht einfach aus Unwissenheit oder aufgrund falscher, leider immer noch propagierter Empfehlungen, gerade bei Unsauberkeit. Katzenhaltern ist oftmals gar nicht bewusst, was sie ihrer Katze antun und zumuten, oder sie wissen sich einfach nicht anders zu helfen.

Motivation, Erwartungen, Abneigungen

Es gibt fast so viele Gründe, eine Katze bei sich aufzunehmen, wie es Menschen gibt. Oft ist es der Wunsch, für ein Wesen zu sorgen, seine Gesellschaft und Freundschaft zu genießen oder in seiner Gegenwart Ruhe und Gelassenheit zu verspüren. Katzen werden oftmals als ein Vorbild für Freiheit und Unabhängigkeit gesehen. Menschen bewundern ihre Ursprünglichkeit und Wildheit, schätzen ihre Anschmiegsamkeit und Schönheit. Zudem ist eine Katze viel einfacher zu halten als ein Hund, da sie für einige Stunden allein bleiben kann und das lästige Gassigehen bei jedem Wetter entfällt.

Meistens werden bestimmte Erwartungen an eine Katze gestellt wie Kontaktfreudigkeit und ein liebenswertes Wesen, Verspieltheit, Aktivität, dass sie sehr sauber und leicht zu pflegen ist. Sie soll Zuneigung und Zärtlichkeit schenken, anhänglich und doch eigenständig sein.

Katze im Bücherregal

Es gibt jedoch auch Abneigungen gegenüber bestimmten Verhaltensweisen einer Katze. Sie soll auf keinen Fall unsauber sein, die Einrichtung beschädigen oder ungehorsam sein. Auch dass Katzen auf Regale, Tische und sonstige Möbel springen, an Gardinen hochklettern, Unordnung machen, Zimmerpflanzen annagen, wählerisch beim Fressen sind und Haarballen erbrechen, ist eher unerwünscht. Dass zudem überall Katzenhaare zu finden sind und die Katzenstreu über die Pfoten weitläufig verteilt wird, ist nicht gerade angenehm. Das meiste ist jedoch nicht zu ändern, sondern muss einfach in Kauf genommen werden.

Die Bedeutung einer Katze für den Menschen

Viele Menschen wenden sich immer mehr ihren Haustieren zu, um ihre fürsorglichen, beschützenden oder zärtlichen Bedürfnisse auszuleben. Katzen vermitteln gerade älteren oder kranken Menschen, die in ihren Aktivitäten und Fähigkeiten eingeschränkt sind, das gute Gefühl, gebraucht zu werden. Das Kümmern um eine Katze vermittelt Senioren, etwas Sinnvolles zu leisten, die Verantwortung für jemanden zu übernehmen und dieser Aufgabe auch gewachsen zu sein. Durch ihre bedingungslose Akzeptanz uns Menschen gegenüber steigern Katzen das Selbstwertgefühl und Wohlbefinden. In immer mehr Seniorenheimen, Rehabilitationskliniken und Pflegeheimen werden heute ganz gezielt Katzen eingesetzt.

Katzen helfen allein lebenden Menschen über das Gefühl der Einsamkeit hinweg. Sie vermitteln ihnen Geborgenheit und tragen wesentlich dazu bei, dass der Kontakt und Austausch zu Freunden und Verwandten aufrechterhalten wird. Katzen erleichtern zudem den sozialen Austausch, weil ein großes Mitteilungsbedürfnis über die mit der Katze gemachten Erfahrungen und Erlebnisse vorhanden ist.

Kinder lernen durch eine Katze schon früh, Verantwortung für ein Lebewesen zu übernehmen, sich darum zu kümmern und für es zu sorgen. Auch Einfühlungsvermögen, Ausdauer und Rücksicht werden gefördert. Kinder werden von der Katze ohne Vorbehalte akzeptiert, was deren

Urvertrauen stärkt und ihnen Sicherheit sowie Geborgenheit vermittelt.

Die Katze ist Freund, guter Zuhörer und Schmusepartner in einem. Gerade Menschen in Lebenskrisen suchen einerseits nach emotionaler Wärme und Geborgenheit, haben aber andererseits gleichzeitig den Wunsch, sich zurückzuziehen. Eine Katze hilft, diese unterschiedlichen Bedürfnisse zu befriedigen. Katzen scheinen zu spüren, ob ein Mensch ihre Nähe braucht oder lieber seine Ruhe haben möchte. Sie respektieren es, wenn er sich zurückzieht oder anderweitig beschäftigt ist.

Katzen haben besonders sensible Antennen für bestimmte Signale, die ein Mensch aussendet, wenn er krank ist oder Kummer hat, und

Katzen haben sensible Antennen.

reagieren darauf mit vermehrter Zuwendung. Sie sind sehr gute Beobachter und registrieren die kleinsten Veränderungen in der Körperhaltung sowie in der Gestik ihres Menschen. Sie erkennen daran nicht nur sehr genau seine Stimmung, sondern können häufig auch seine Absichten erahnen. Ein amerikanischer Kater, der in einem Pflegeheim lebt, ging durch alle Medien, weil er sich zu Menschen, einige Stunden bevor diese sterben, auf deren Bett legt. Er betrieb aktive Sterbebegleitung, was eine sehr lobenswerte Aufgabe ist. Viele Tiere spüren es bereits im Vorfeld, wenn ihrem Menschen ein epileptischer Anfall droht oder eine Unterzuckerung, und können ihn entsprechend waren.

Katzen verfügen zudem über viele weitere Qualitäten. Sie sind leise, sanft, unabhängig und können sich selbst beschäftigen. Zwang und Druck sind ihnen zuwider, und sie äußern es deutlich, wenn ihnen etwas nicht passt. Sie sind freundlich, aber auch distanziert und souverän, suchen jedoch immer wieder die menschliche Nähe. Sie sind meistens gelassen und unaufdringlich, können aber auch eifersüchtig sein. Durch ihre angenehme Gesellschaft können sie den Menschen von Einsamkeit und Traurigkeit befreien. Ihre harmonischen Bewegungen zu beobachten, ihr seidiges Fell zu streicheln und ihr beruhigendes Schnurren zu hören, baut beim Menschen Stress ab und macht ihn ruhig und ausgeglichen. Hektik und Sorgen lösen sich dann einfach auf.

Eine Katze lehrt den Menschen außerdem sanft, aber nachdrücklich, Toleranz. Sie hasst Streitigkeiten und Spannungen und fördert stattdessen Harmonie sowie Friedfertigkeit. Durch ihre bedingungslose Liebe fühlt sich der Mensch angenommen, so wie er ist, und entwickelt wieder Vertrauen. Er lernt, seine Gefühle ebenfalls zuzulassen und auch auszudrücken, Zärtlichkeit zu geben und zu empfangen. Das Leben mit einer Katze lehrt Rücksichtnahme und Respekt gegenüber anderen Lebewesen sowie deren Eigenarten. Dadurch entwickelt ein Katzenhalter meist auch mehr Einfühlungsvermögen im Umgang mit seinen Mitmenschen. Die Katze lebt es ihrem Menschen regelrecht vor, indem sie ihn liebt und ihn mit all seinen Schwächen akzeptiert, egal wie er ist. Katzen sind ausgezeichnete, geduldige und sehr liebevolle Lehrmeister. Ein rücksichtsloser und egoistischer Mensch wird jedoch nie eine echte Beziehung zu einer Katze herstellen können. Katzen vergessen es auch nicht, wenn ihnen Leid zugefügt wurde.

Der ideale Katzenhalter

Katzen lieben ruhige, ausgeglichene, behutsame Menschen mit einem gleichmäßigen und gleichbleibenden Tagesablauf. Ideale Katzenhalter sind tolerant, versuchen nicht, der Katze etwas aufzuzwingen, was sie nicht freiwillig tun möchte, und lassen ihr möglichst viel Freiraum. Diese Menschen bewegen sich nicht unberechenbar und heftig, ihre Stimme ist nicht laut und hektisch.

Das Entscheidende ist einfach Einfühlungsvermögen. Versetzen

Sie sich in die Lage Ihrer Katze und erspüren Sie, was sie will, was sie braucht, was ihr fehlt und in welcher Stimmung sie ist. Sie werden erkennen, wie sie behandelt werden möchte, was ihr guttut und wann sie sich unwohl fühlt. Versuchen Sie, die Welt und diesen ganz besonderen, einzigartigen Lebensraum, den Ihre Katze hat, durch ihre Augen zu sehen. Wenn Sie genügend Zeit mit ihr verbringen und dabei einfach aufmerksam sind, genau beobachten

Katzen warten sehnsüchtig auf die Heimkehr ihres Menschen.

und sich in sie einfühlen, werden Sie unglaublich viel über sie lernen und erfahren. Wenn Sie rücksichtsvoll mit Ihrer Katze umgehen, wird sie es Ihnen danken und sich Ihnen gegenüber genauso verhalten.

Die meisten Katzenhalter beziehen ihre Katze in die täglichen Routineabläufe sowie spezielle Ereignisse mit ein. Sie sprechen regelmäßig mit ihr und lassen sie an bestimmten Aktivitäten teilhaben. Viele sind auch durchaus bereit, beträchtliche Einschränkungen ihrer Bequemlichkeit sowie einen Verzicht auf Urlaub auf sich zu nehmen. Sie sind für ihre Katze da und kümmern sich zuverlässig um ihre Belange. Die Katze läuft nicht nur nebenbei und wird ab und zu mal wahrgenommen, sondern es ist ein echtes Zusammenleben.

Damit die Partnerschaft zwischen einem berufstätigen Menschen und seiner Katze harmonisch verläuft, müssen zwei Punkte gewährleistet sein: Zuverlässigkeit und Routine. Die Katze passt sich zwar fast immer dem Tagesablauf ihres Menschen an, besteht aber auch darauf, dass dieser Stundenplan gewissenhaft eingehalten wird. Es bedeutet für sie eine außerordentliche Belastung, wenn sie einen chaotischen Halter hat, dem Zeitbegriffe fremd sind und der völlig unregelmäßig nach Hause kommt und dann seinen eigenen Interessen nachgeht.

Ein geordneter Alltag mit festen Fütterungszeiten, die zuverlässige Einhaltung der Schmuse- und Spielstunden sowie eine regelmäßige Heimkehr sind für eine Katze sehr wichtig. Wenn es einmal später wird oder eine zusätzliche Verpflichtung Sie von Ihrem Zuhause fernhält, entschädigen Sie Ihre Katze bitte angemessen.

Katzen und Schwangerschaft

Wird ein Baby erwartet, muss keinesfalls die Katze abgeschafft werden. Eine schwangere Frau sollte aber bei ihrem Arzt vorsichtshalber eine Blutuntersuchung auf Toxoplasmose-Antikörper durchführen lassen. Dann sollte sie lediglich, sofern sie nicht bereits gegen diese Erreger immun ist, die tägliche Reinigung der Katzentoilette jemand anders überlassen oder diese nur mit Einmalhandschuhen ausführen. Dies ist eine reine Vorsichtsmaßnahme, da nur mehrere Tage alter Kot ansteckend ist.

Wenn die Eltern es richtig anfangen und die Katze nicht einfach links liegen lassen oder von allem ausschließen, was mit dem Baby zu tun hat, wird sie das neue Familienmitglied respektieren. Wahrscheinlich war die Katze bisher das wichtigste Familienmitglied. Um Eifersucht entgegenzuwirken, ist es wichtig, die Gewöhnung an die veränderten Lebensumstände einfühlsam und schrittweise vorzunehmen und die Katze einzubeziehen.
Nach der Ankunft des Babys zu Hause sollte der bisherige tägliche Zeitplan der Katze mit Futter-, Spiel- und Schmusephasen beibehalten werden, denn nur vernachlässigte Katzen reagieren mit Eifersucht.

Katzen und Kinder

Eine Katze lässt sich von groben und ungeschickten Kinderhänden wenig gefallen und schätzt weder Lärm noch Hektik. Sie kratzt und beißt unter Umständen, weil sie sich bedroht fühlt. Für kleine Kinder, die noch nicht in der Lage sind, auf ein anderes Lebewesen Rücksicht zu nehmen, ist sie daher eher kein besonders geeigneter Spielgefährte. Es sei denn, beide wachsen gemeinsam auf. Einem Kind muss von Anfang an der richtige Umgang mit einer Katze beigebracht werden. Es muss lernen, wie man sich ihr richtig nähert und sie streichelt, dass man der Katze nicht wehtun darf, dass laute Geräusche sie erschrecken und dass sie beim Fressen und Schlafen in Ruhe gelassen werden will. Die Katzentoilette, der Futter- und der Wassernapf müssen für das Kind tabu sein und notfalls außer Reichweite platziert werden.
Mit älteren, verständigen Kindern, die behutsam mit ihr umgehen, schließt die Katze leicht Freundschaft, denn beide finden beim Spielen gemeinsame Interessen.

Katzen-Allergie

Meistens sind es die winzigen Schuppen, die jede Katze abstößt, die bei manchen Menschen eine Katzen-Allergie verursachen. Eine Katze kann je nach ihrem Hauttyp mehr oder weniger Schuppen abstoßen, sodass es möglich ist, nicht auf jede Katze allergisch zu reagieren. Es gibt auch allergische Reaktionen auf den Katzenspeichel, was von einem erfahrenen Arzt ausgetestet werden sollte. Mit einer Desensibilisierung kann die Allergie besiegt werden.

GOLDENE REGELN
FÜR EIN HARMONISCHES MITEINANDER

Leider gibt es viele Missverständnisse und Fehlinterpretationen:

1. Katzen sind keinesfalls launisch oder hinterlistig, sondern reagieren lediglich auf verschiedene Einwirkungen sehr sensibel. Sie zeigen jede Gefühlsregung mit ihrer Körpersprache an und warnen somit immer vor.

2. Eine Katze gehorcht zwar nicht aufs Wort wie ein Hund, aber bestimmte Regeln wird sie einhalten.

3. Katzen schenken zwar in der Regel ihrer Bezugsperson die meiste Sympathie, schließen aber auch Mitbewohner, die mit ihnen spielen, schmusen und für sie sorgen, in ihr Herz.

4. Katzen haben keinen Eigengeruch. Wenn es in der Wohnung nach „Katze" riecht, ist es die von Ihnen nicht häufig genug gereinigte Katzentoilette.

5. Katzen werden nach der Kastration nicht dick und faul, sondern bleiben neugierig, interessiert und schlank. Sie werden dem Menschen gegenüber anschmiegsamer, zärtlicher und wirken insgesamt ausgeglichener.

6. Katzen fressen in der Regel nur dann Zimmerpflanzen, um verschluckte Haarballen ausscheiden zu können, wenn sie kein Katzengras oder keine Malzprodukte bekommen. Sie benutzen Möbel und Tapeten zum Kratzen in der Regel nur dann, wenn sie keine andere geeignete und attraktive Kratzgelegenheit haben.

7. Auch wenn sich zwei Katzen die Zeit besser vertreiben können, in der sie allein gelassen werden, brauchen sie genauso viel Zuwendung wie eine einzelne. Sie beginnen sonst durch unangemessenes Verhalten die Aufmerksamkeit auf sich zu lenken.

8. Reden Sie nicht abwertend über Ihre Katze. Böse und abfällige Bemerkungen registriert sie allein aufgrund des Tonfalls und reagiert vielleicht verunsichert mit einem auffälligen Verhalten.

9. Bei einer Schwangerschaft sollte die Katzentoilette möglichst von jemand anders oder mit Einmalhandschuhen gereinigt werden. Eine Gewöhnung von Baby und Katze ist ohne weiteres möglich, sollte jedoch sehr einfühlsam erfolgen.

10. Auch bei einer Allergie müssen Sie sich nicht unbedingt von Ihrer Katze trennen. Es gibt Desensibilisierungsmöglichkeiten sowie bestimmte Vorkehrungen, um die Allergieauslöser zu reduzieren.

DER ANALYSE-CHECK

DIESER ANALYSE-CHECK ...

... soll Ihnen helfen, die Ursache zu finden, wenn Ihre Katze ein auffälliges Verhalten zeigt. Andererseits soll er dazu dienen, zu verhindern, dass es überhaupt dazu kommt. Überprüfen Sie damit, ob sämtliche Bedürfnisse und Ansprüche Ihrer Katze erfüllt werden und es zu keinen Irritationen kommt. Machen Sie sich ansonsten mit dieser Hilfe auf die Suche nach dem Auslöser für das ungewöhnliche Verhalten Ihrer Katze.

Beseitigen Sie diese Ursache nach Möglichkeit oder suchen Sie sich einen Tierpsychologen, der Ihre Katze therapeutisch dabei unterstützen kann, sich besser mit den gegebenen Umständen zu arrangieren. Wenn eine Katze beispielsweise Probleme damit hat, dass ein Umzug stattgefunden hat oder plötzlich ein Baby da ist, lässt sich so etwas ja nicht einfach wieder rückgängig machen. Dann muss sie beispielsweise unter anderem mit der richtigen, auf sie individuell abgestimmten Bach-Blütenmischung dabei unterstützt werden, wieder mehr in ihr inneres Gleichgewicht zu kommen, sodass sie souveräner auf die veränderten Umstände reagieren kann.

Bach-Blüten sind eine wirklich hilfreiche Therapieform, müssen aber unbedingt auf das Wesen, die Persönlichkeit, die besonderen Lebensumstände und die entsprechende Thematik der jeweiligen Katze abgestimmt sein, da sie ansonsten keine Wirkung entfalten können. Von fertigen Mischungen ist daher unbedingt abzuraten, da sie pauschal gegen Angst, Aggression etc. eingesetzt werden, ohne die Individualität, den Charakter, die Gründe sowie die Lebensumstände der Katze zu berücksichtigen.

Wenn Sie jedoch alle Empfehlungen zur artgerechten Haltung, zum richtigen Umgang mit der Katze sowie ihre Bedürfnisse und Ansprüche berücksichtigen, fühlt sich Ihre Katze wohl und muss nichts durch ein auffälliges Verhalten kompensieren. Katzen suchen sich bei Irritationen einfach ein Ventil, das es ihnen erleichtert, mit diesem inneren Druck umzugehen. Wenn es jedoch keinen äußeren Anlass beziehungsweise Umstände oder ein Fehlverhalten des Menschen gibt, entsteht ein solches Bedürfnis erst gar nicht.

Checken Sie also in aller Ruhe, welche Bereiche für Ihre Katze völlig in Ordnung sind und wo es zu Problemen kommen könnte oder bereits gekommen ist. Bitte seien Sie bei der Beantwortung wirklich ganz ehrlich zu sich selbst, denn alles andere hilft Ihnen nicht weiter.

MÖGLICHE URSACHEN FÜR VERHALTENSAUFFÄLLIGKEITEN

- schlechte Erfahrungen
- eine nicht artgerechte Haltung beziehungsweise unzureichende Haltungsbedingungen
- zu viele Katzen im Haushalt
- nicht miteinander harmonierende Katzen
- Angst vor anderen Katzen oder Haustieren oder auch Menschen
- Angst vor Geräuschen, Situationen oder auch irreale Ängste
- zu wenig Platz
- Veränderungen im Umfeld der Katze
- Stress
- Depression
- Frust
- Langeweile
- Eifersucht
- eine Überforderung der Katze
- eine falsche oder übersteigerte Erwartungshaltung des Halters
- auch eine Krankheit oder Schmerzen

Deshalb sollte bei einem auffälligen Verhalten möglichst zuerst der Tierarzt prüfen, ob es gesundheitliche Ursachen dafür gibt. Eine Katze kann sich plötzlich gegen Hochheben oder Berührungen wehren, weil sie Schmerzen dabei hat. Eine Katze, die unsauber wird, kann unter einer Blasenentzündung leiden und den Urin deshalb einfach nicht mehr halten können. In diesen Fällen muss natürlich die körperliche Ursache beseitigt beziehungsweise geheilt werden.

FRAGEN VOR DER ANSCHAFFUNG EINER KATZE

- [ ] Besteht bei Ihnen die Bereitschaft, die Wohnung katzengerecht einzurichten?
- [ ] Haben Sie ausreichend Zeit, um sich regelmäßig mit der Katze zu beschäftigen, mit ihr zu spielen und sie zuverlässig zu versorgen?
- [ ] Können Sie akzeptieren, Katzenhaare auf Teppich, Couch und Kleidung oder erbrochene Haarballen vorzufinden?
- [ ] Können Sie akzeptieren, dass die Wohnung nicht mehr so sauber und aufgeräumt ist wie vorher?
- [ ] Wie hoch ist Ihre Toleranz, wenn etwas von der Katze zerkratzt oder zerstört wird?
- [ ] Wie groß ist Ihre Rücksichtnahme, um beispielsweise bei lauter Musik Kopfhörer zu benutzen?
- [ ] Sind die Bereitschaft und das Geld vorhanden, die Katze regelmäßig impfen und entwurmen zu lassen?
- [ ] Sind die Bereitschaft und das Geld vorhanden, bei Krankheitssymptomen oder Unfällen sowie zur Kastration den Tierarzt aufzusuchen?
- [ ] Ist ein sicherer und stressfreier Transport für die Katze zum Tierarzt gewährleistet?
- [ ] Haben Sie zusätzlich zu den Kosten für die Anschaffung und die Erstausstattung im Monatsbudget die regelmäßigen Kosten für hochwertiges Futter, Leckerchen und Katzenstreu eingeplant?
- [ ] Haben Sie den Vermieter vorsichtshalber um sein Einverständnis gebeten?
- [ ] Haben Sie alle Familienmitglieder um ihr Einverständnis gebeten, vor allem hinsichtlich einer eventuellen Allergie?
- [ ] Ist gewährleistet, dass sich jederzeit jemand um die Versorgung der Katze kümmert?

- [ ] Können Sie eine zuverlässige Versorgung der Katze auch bei Abwesenheit, Urlaub oder Krankheit Ihrerseits gewährleisten?
- [ ] Gibt es bereits eine oder mehrere Katzen im Haushalt, sodass darauf in Form von Alter, Geschlecht, bisher gemachten Erfahrungen und durch eine einfühlsame Eingewöhnung Rücksicht genommen werden muss?
- [ ] Sind Ihre eigenen Kenntnisse für diese sensible Gewöhnungsphase ausreichend oder sollten Sie besser professionellen Rat suchen?
- [ ] Gibt es bereits andere Haustiere im Haushalt und ist gewährleistet, dass beide Parteien sich voraussichtlich vertragen werden? Katzen und Mäuse zusammen zu halten, kann genauso schwierig, wenn nicht unmöglich sein, wie einen Hund mit Katzen, die er normalerweise draußen jagt.
- [ ] Soll es ein Jungtier oder eine erwachsene Katze sein?
- [ ] Soll es eine Katze oder ein Kater sein?
- [ ] Soll es eine Rasse- oder eine Hauskatze sein?
- [ ] Soll es eine Langhaar- oder eine Kurzhaarkatze sein?
- [ ] Soll es eine Wohnungs- oder eine Freilaufkatze sein?
- [ ] Soll es ein Einzeltier oder von Anfang an ein Katzenpaar sein?

Näheres zur Anschaffung einer Katze ab Seite 11.

BEI DER BESICHTIGUNG DER KATZEN BEACHTEN

- [ ] Sind die Augen klar?
- [ ] Sind die Ohren sauber und nicht taub?
- [ ] Sind die Zähne vollständig und nahezu weiß?
- [ ] Sind Zahnfleisch und Gaumen rosa?
- [ ] Ist die Nase kühl und etwas feucht?
- [ ] Ist das Fell voll und glänzend?
- [ ] Ist der Gang sicher und regelmäßig?
- [ ] Ist der Bauch nicht trommelförmig aufgebläht?
- [ ] Ist der After sauber?
- [ ] Macht die Katze einen munteren und lebhaften Eindruck?

- ☐ Ist die Katze zutraulich und geht von sich aus auf Sie zu? Lassen Sie die Katze ihren Menschen selbst aussuchen, und vertrauen Sie auf ihr Urteil.
- ☐ Wie verhält sich die Katzenmutter Menschen gegenüber?
- ☐ Hatte die Katze vorher Familienanschluss oder wurde sie separat ohne regelmäßige Kontakte gehalten?
- ☐ Ist es eine wilde Katze, die gar nicht an Menschen gewöhnt ist?
- ☐ Ist die Katze an Hund und Kinder gewöhnt (falls Sie welche haben)?
- ☐ Was konnten Sie über die Vorgeschichte der Katze erfahren?
- ☐ Hat die Katze bereits schlechte Erfahrungen gemacht?
- ☐ Wirkt die Katze ausgeglichen oder ängstlich, aggressiv?

Näheres zur Besichtigng der Katzen ab Seite 18.

FRAGEN ZUR KATZENTOILETTE

- ☐ Haben Sie darauf geachtet, die Katzentoiletten nicht in der Nähe von Schlaf- oder Fressplätzen zu platzieren, da Katzen an diesen Stellen keine Ausscheidungen vornehmen?
- ☐ Beträgt die Anzahl der Toiletten eine mehr als Katzen im Haushalt sind?
- ☐ Haben auch Ihre Freigänger eine Katzentoilette im Haus?
- ☐ Stehen die Katzentoiletten immer an der gleichen Stelle?
- ☐ Ist der Platz, an dem die Katzentoilette steht, ruhig und störungsfrei?
- ☐ Ist er für die Katze gut und vor allem jederzeit zugänglich?
- ☐ Kann dort gelüftet werden, ohne dass Zugluft entsteht?
- ☐ Ist die Umgebung frei von unangenehmen Gerüchen und Geräuschen?
- ☐ Herrscht an dieser Stelle Durchgangsverkehr?
- ☐ Steht die Katzentoilette etwas geschützt oder eher wie auf einem Präsentierteller?
- ☐ Ist die Katzenstreu mindestens 5 Zentimeter, besser höher, eingestreut?
- ☐ Besitzt sie eine gute Saugfähigkeit?
- ☐ Lassen sich Kot und eventuell auch Urin leicht entfernen?

- [ ] Ist die Streu staubarm und weist keine spitzen oder scharfen Kanten auf?
- [ ] Wird immer die gleiche Beschaffenheit (Klumpstreu, Silikat o.ä.) verwendet?
- [ ] Enthält die Streu Duftstoffe, die für die Katzennase unangenehm sein könnten?
- [ ] Verfügt die Toilette über keine Einstreu oder ist mit Zeitungs- oder anderem Papier, mit Plastikfolie oder kompostierbarer Stroheinstreu ausgestattet, sodass die Katze beim Betreten ihrer Toilette oder beim Scharren nasse Pfoten bekommt?
- [ ] Riecht es in der Wohnung nach Katzenurin?
- [ ] Wird die Katzentoilette täglich morgens und abends gereinigt?
- [ ] Wird alle zwei bis vier Wochen die gesamte Einstreu ausgewechselt?
- [ ] Wird die Katzentoilette dabei gründlich mit heißem Wasser, aber ohne scharfe Reinigungsmittel gereinigt?
- [ ] Haben Sie zur Reinigung Ammoniak benutzt, das für die Katzennase dem Geruch von Katzenurin ähnelt?
- [ ] Richtet sich die Grundfläche der Toilette nach der Größe der Katze?
- [ ] Ist die Toilettenschale aus Kunststoff, standfest und etwa 20 cm hoch?
- [ ] Ist bei einer Katzentoilette ohne Haube ein Freiraum darüber, sodass die Katze aufrecht stehen kann, ohne direkt Handtücher oder Vorhänge über sich hängen zu haben?
- [ ] Wird bei einer Toilette mit Haube der Filter regelmäßig ausgewechselt?
- [ ] Wurde die Schwingtür in der Öffnung entfernt oder benutzt die Katze sie anstandslos in beiden Richtungen?
- [ ] Kontrollieren Sie bei Ihrer Katze regelmäßig die Ausscheidungshäufigkeit und die Konsistenz, um Unregelmäßigkeiten rechtzeitig erkennen zu können?

Näheres zur Katzentoilette ab Seite 25.

FRAGEN ZUR FÜTTERUNG

- [ ] Achten Sie bei Ihrer Katze auf eine gesunde, hochwertige und ausgeglichene Ernährung?
- [ ] Bekommt die Katze regelmäßig und zuverlässig ihr Futter?

- [ ] Gab es in letzter Zeit einen Futterwechsel?
- [ ] Bekommt Ihre Katze ein spezielles auf ihre Bedürfnisse ausgerichtetes Kitten-, Senioren- oder Diätfutter?
- [ ] Bekommt Ihre Katze viel Thunfisch, was sich körperlich schädigend auswirken sowie die Katze nervös und aggressiv machen kann?
- [ ] Füttern Sie das Katzenfutter direkt aus dem Kühlschrank oder hat es immer mindestens Zimmertemperatur?
- [ ] Beachten Sie bei den Tagesrationen die Empfehlungen des Futterherstellers?
- [ ] Wird zu festen Zeiten gefüttert?
- [ ] Wird eine erwachsene Katze ein- bis zweimal täglich gefüttert, eine ältere dreimal und eine Jungkatze alle drei bis vier Stunden?
- [ ] Bleibt der Napf etwa 15 bis maximal 30 Minuten stehen, bevor die Reste entfernt werden und er mit heißem Wasser ausgespült wird?
- [ ] Bleibt übrig gebliebenes Trockenfutter nicht länger als einen Tag stehen und wird dann ausgewechselt, da es neben seiner knackigen Konsistenz auch seinen Geruch verliert?
- [ ] Steht immer frisches Wasser mit Zimmertemperatur zur Verfügung?
- [ ] Wird das Wasser täglich ausgetauscht?
- [ ] Verwenden Sie speziell für Katzen gefertigte Futter- und Wassernäpfe, die eine breite Öffnung haben, damit der empfindliche Schnurrbart nicht im Weg ist?
- [ ] Achten Sie darauf, dass Katzen nicht gern aus tiefen Schalen fressen, da sie während der Mahlzeit die Umgebung beobachten wollen und ein hoher Rand zudem auf den Hals der Katze drücken und sie beim Schlucken behindern kann?
- [ ] Hat jede Katze ihren eigenen Futternapf?
- [ ] Achten Sie darauf, dass jede Katze ihre Futterration auch tatsächlich frisst, ohne dass sie ihr eine andere Katze streitig macht?

- ☐ Achten Sie darauf, dass Sie Leckerchen gerecht an alle Katzen verteilen?
- ☐ Kontrollieren Sie regelmäßig das Gewicht Ihrer Katzen, um rechtzeitig zu erkennen, ob eine zu viel zu- oder abnimmt?
- ☐ Stehen Futter und Wasser an einem ruhigen Platz und nicht unmittelbar nebeneinander, da Katzen in der Natur nach dem Fressen zu einer Wasserstelle wandern müssen?
- ☐ Bekommt Ihre Katze Milch, wodurch die meisten Katzen auf den Laktose-Anteil darin mit Durchfall reagieren?
- ☐ Bieten Sie ihr spezielle Katzenmilch aus dem Fachhandel an?
- ☐ Bekommt Ihre Katze menschliche Kost, was zu Mangelerscheinungen und Krankheit führen kann?
- ☐ Bekommt Ihre Katze Hundefutter, das für ihren Organismus völlig ungeeignet ist?
- ☐ Bekommt Ihre Katze Schokolade, obwohl das enthaltene Theobromin toxisch wirkt?
- ☐ Füttern Sie morgens und abends jeweils vor Ihrer eigenen Mahlzeit, sodass das Betteln der Katze am Tisch entfällt?
- ☐ Bekommt auch Ihre Katze, die Mäuse jagt, normale Futterrationen?
- ☐ Wird die Katze während ihrer Mahlzeit gestört?
- ☐ Hat sie danach ungestört Gelegenheit zur Fellpflege und einem Nickerchen?

Näheres zur Fütterung ab Seite 34.

FRAGEN ZUR ERZIEHUNG

- ☐ Sind Ihnen die Bedürfnisse Ihrer Katze bekannt wie Kratzen, Markieren, Klettern, Spielen usw.?

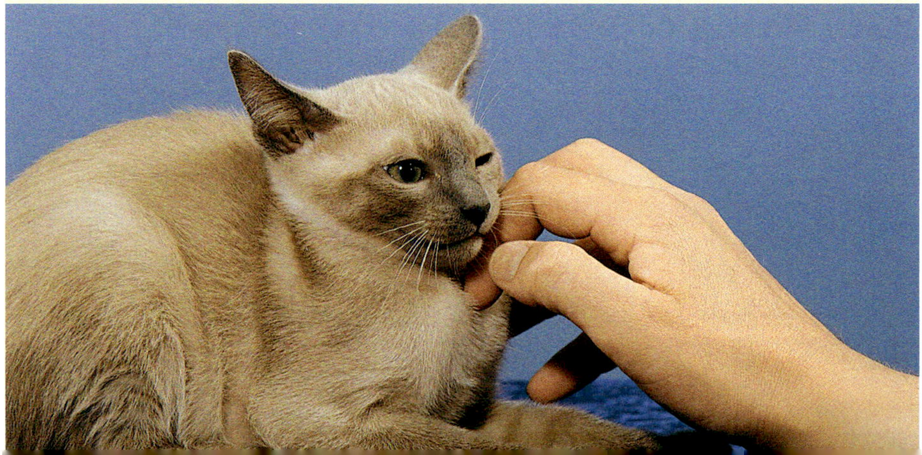

- [ ] Sorgen Sie dafür, dass sie diese Bedürfnisse katzengerecht befriedigen kann?
- [ ] Sind Sie mit der Katzensprache (Körper-, Lautsprache, Verhalten) vertraut und können sie richtig deuten?
- [ ] Haben Sie früh mit der Erziehung Ihrer Katze begonnen?
- [ ] Loben und belohnen Sie stets ein erwünschtes Verhalten Ihrer Katze?
- [ ] Wird Ihre Katze angeschrien und bestraft, wodurch sie nur Angst bekommt und Probleme verstärkt werden?
- [ ] Wird Ihre Katze mit Gewalt festgehalten?
- [ ] Wird Ihre Katze zu etwas gezwungen?
- [ ] Haben Sie Ihrer Katze die Regeln im Miteinander und die damit verbundenen Worte beigebracht, vor allem die Bedeutung von „Nein!"?
- [ ] Benutzen Sie dabei immer die gleiche Wortfolge?
- [ ] Sind Sie stets absolut konsequent?
- [ ] Ist, was heute verboten ist, auch morgen nicht erlaubt?
- [ ] Machen Sie nicht ein einziges Mal eine Ausnahme?
- [ ] Wurden Routinen geschaffen, da Katzen geregelte Tagesabläufe lieben und rasch lernen, sich auf gewisse Regelmäßigkeiten einzustellen?
- [ ] Machen Sie den Ort eines unerwünschten Verhaltens für die Katze unangenehm, damit sie durch diese Erfahrung lernen kann?
- [ ] Stellen Sie der Katze bei einem Verbot eine adäquate andere Möglichkeit zur Verfügung?

Näheres zur Erziehung ab Seite 47.

FRAGEN ZUM SPIELEN

- [ ] Spielen Sie regelmäßig interaktiv mit Ihrer Katze?
- [ ] Was genau spielen Sie mit Ihrer Katze?
- [ ] Wie oft spielen Sie mit der Katze?
- [ ] Wie lange spielen Sie mit der Katze?
- [ ] Spielen Sie mit allen Katzen gleichzeitig oder getrennt?
- [ ] Bieten Sie mehrere Spielsequenzen statt einer langen an?
- [ ] Loben und belohnen Sie erwünschtes Verhalten?
- [ ] Ignorieren Sie unerwünschtes Verhalten einfach?

- ☐ Wie reagieren Sie, wenn eine der Katzen das Spiel an sich reißt und eine andere sich daraufhin zurückzieht beziehungsweise nur noch beobachtet?
- ☐ Brechen Sie das Spiel zu früh ab, wodurch die Katze frustriert wird?
- ☐ Bewegen Sie beim Spielen etwas zu hektisch auf die Katze zu?
- ☐ Bewegen Sie beim Spielen immer etwas von ihr weg, als ob die „Beute“ weglaufen wollte?
- ☐ Achten Sie beim Spielen mit einem Laserpointer darauf, dass es sehr gefährlich ist, wenn die Katze versehentlich direkt in den Laserstrahl schaut?

- ☐ Beachten Sie, dass dabei durch den ausbleibenden Jagderfolg Frust bei der Katze entsteht?
- ☐ Achten Sie darauf, dass die Katze immer auch Erfolgserlebnisse beim Spielen hat, da nur dadurch ein wirklicher Jagderfolg stattfindet und die Katze ihren aufgestauten Jagdtrieb abreagieren kann?
- ☐ Werfen Sie Stoffmäuse, Bällchen oder andere kleine Gegenstände wie Eicheln, hinter denen die Katze begeistert herjagen kann?
- ☐ Bewegen Sie fertige Katzenangeln oder Stöcke, an denen etwas Baumelndes angebracht wurde, vor der Katze, sodass sie danach hangeln kann?
- ☐ Ziehen Sie eine solche Angel oder einen Strick auch während des Gehens hinter sich her, um die Katze zur Verfolgung zu animieren?
- ☐ Verstecken Sie etwas unter Papier, einem Handtuch oder einer Decke, das sich bewegt, eventuell sogar raschelt und zwischendurch hervorlugt?
- ☐ Benutzen Sie dazu die eigene Hand, die den Krallen- und Beißangriffen der Katze wahrscheinlich nicht gewachsen ist?
- ☐ Sind Sie kreativ und bieten der Katze Selbstgebasteltes oder zweckentfremdete Dinge wie ungekochte Nudeln oder eine leere Toilettenrolle zum Spielen an?
- ☐ Sind Sie geduldig, auch wenn die Katze Ihre Spielbemühungen „nur“ beobachtet, da dies bereits zu ihrem Jagdverhalten gehört und irgendwann der Reiz zum Angriff ausgelöst wird?

Näheres zum Spielen ab Seite 62.

FRAGEN BEI EINER WOHNUNGSKATZE

- [ ] Ist die Wohnung katzengerecht und abwechslungsreich gestaltet?
- [ ] Gibt es Tabuzonen im Haus? Welche? Warum?
- [ ] Gibt es verschlossene Türen für die Katze? Welche? Warum?
- [ ] Verfügt die Katze über einen gut ausgestatteten Kratz- und Kletterbaum, der verschiedene Ebenen, Höhlen und Spielanregungen bietet?
- [ ] Steht dieser an einer attraktiven Stelle, möglichst mit Ausblick aus dem Fenster und einem guten Überblick über die Räumlichkeiten?
- [ ] Befinden sich auch Kratzbretter und/oder Kratzmatten auf dem Boden, an der Wand und an Ecken, die zum Kratzen einladen, um Teppich und Tapeten vor dem Krallenwetzen zu schützen?
- [ ] Wird bei der Positionierung berücksichtigt, an welchen Stellen die Katze am liebsten und verstärkt kratzt?
- [ ] Machen Sie die Kratzgelegenheit für Ihre Katze notfalls mit Ihren eigenen Fingernägeln verführerisch oder packen Sie etwa die Katzenpfote und kratzen damit?

- [ ] Gibt es in der Wohnung Kartons zum Hineinkriechen, Hineinspringen, Verstecken oder mit einem reizvollen Inhalt?
- [ ] Werden der Katze einladend geöffnete Schubladen oder Schränke als Versteck, Ruheplatz oder zum Erkunden angeboten?
- [ ] Achten Sie dabei darauf, dass die Schubladen und Schranktüren nie ohne vorherige Kontrolle geschlossen werden, damit Sie keine Katze versehentlich einsperren?
- [ ] Kann die Katze möglichst auch die dritte Dimension benutzen, um von Schränken, Regalen oder Kommoden aus einen guten und sicheren Überblick zu haben?
- [ ] Werden Ihrer Katze verschiedene Schlaf- und Ruheplätze angeboten, an denen weiche Kissen, Unterlagen sowie Katzenhöhlen, -körbe, -betten stehen, obwohl sie letztendlich ihre Ruhestätte selbst wählt?

- [ ] Hat Ihre Katze Aussichtsplätze am Fenster, die bequem gepolstert sind und ihr einen interessanten Ausblick ermöglichen?
- [ ] Achten Sie dabei darauf, dass Kippfenster entsprechend gesichert sind?
- [ ] Ist der Balkon mit einem speziellen Katzennetz gut abgesichert?
- [ ] Gibt es auch auf dem Balkon Abwechslung für die Katze und eine optimale Aussichtsplattform (Kratzbaum, Tisch, gepolstertes Brett etc.)?
- [ ] Sind die zahlreichen Gefahrenquellen, die in der Wohnung auf Katzen lauern, alle beseitigt beziehungsweise wird die Katze vor ihnen geschützt?

Näheres zu Wohnungskatzen ab Seite 77.

FRAGEN BEI EINER MEHRKATZENHALTUNG

- [ ] Wie viele Katzen gibt es in Ihrem Haushalt und wie viele Personen beziehungsweise Hände zum Streicheln?
- [ ] Hat jede Katze einen eigenen Raum, um sich zurückziehen zu können?
- [ ] Was genau waren Ihre Beweggründe für die Anschaffung einer weiteren Katze?
- [ ] In welcher Form erfolgte die Eingewöhnung beziehungsweise Vorbereitung?
- [ ] Wie verlief die Eingewöhnungszeit zwischen den Katzen?
- [ ] Wie verhielt(en) sich die alteingesessene(n) Katze(n) anfangs und wie im Laufe der Zeit?
- [ ] Wie verhielt sich die neu hinzugekommene Katze und wie im Laufe der Zeit?
- [ ] Werden Aggressionen ständig in leichter Form abreagiert?
- [ ] Kommt es zu regelmäßigen heftigen Auseinandersetzungen?

- ☐ Wie reagieren Sie dann darauf?
- ☐ Ist dabei immer die gleiche Katze die Angreiferin beziehungsweise die Unterlegene?
- ☐ Leidet eine Katze regelrecht unter Mobbing?
- ☐ Welche Katze faucht oder knurrt?
- ☐ Findet öfter ein direkter und längerer Blickkontakt zwischen den Katzen statt?
- ☐ Wie endet eine solche Begegnung zwischen den Katzen?
- ☐ Müssen oder sollten die Katzen vorübergehend getrennt werden?
- ☐ Wie verhalten Sie sich gegenüber der/den alteingesessenen Katzen?
- ☐ Wie verhalten Sie sich gegenüber dem Neuzugang?
- ☐ Haben Sie der neuen Katze alles gezeigt und ihr ein Gefühl von Geborgenheit vermittelt?
- ☐ Wie ist das Verhältnis zwischen Ihnen und der neuen Katze?
- ☐ Wie ist das Verhältnis zwischen der neuen und den anderen Katzen?
- ☐ Wie ist Ihr Verhältnis zu den anderen Katzen? Hat sich da etwas verändert?
- ☐ Haben Sie das Gefühl, dass eine oder mehrere Katzen eifersüchtig auf die neue sind?
- ☐ Hat sich das Verhalten Ihrer Katze(n) verbessert oder verschlechtert, nachdem eine neue Katze eingezogen ist?
- ☐ Haben Sie das Gefühl, dass Ihre Katze(n) sich wohler gefühlt hat/haben, bevor die neue Katze kam?
- ☐ Haben Sie das Gefühl, dass Ihre Katze einer verstorbenen Katze noch zu sehr nachtrauert, um die neue Gesellschaft genießen zu können?
- ☐ Mögen sich die bisherige(n) Katze(n) und die neue oder akzeptieren sie sich wenigstens gegenseitig?
- ☐ Lehnen eine oder mehrere Katzen die neue Katze völlig ab?
- ☐ Wie würden Sie die Persönlichkeit der alteingesessenen Katze(n) beschreiben und wie die der neuen Katze?
- ☐ Harmoniert das Wesen der Katzen miteinander oder nicht?
- ☐ Gibt es eine erkennbare Rangordnung zwischen den Katzen?
- ☐ Ist diese gleichbleibend oder variiert sie?
- ☐ Welches ist die dominante Katze?
- ☐ Hat eine der Katzen Angst? Wovor, in welchen Situationen?
- ☐ Haben Sie den gewohnten Tagesablauf beibehalten?

- ☐ Gibt es regelmäßige Abläufe und Rituale, an die die neue Katze sich gewöhnen kann?
- ☐ Was haben Sie unternommen, damit die Katzen sich leichter annähern? Gibt es gemeinsames Streicheln, Spielen, Füttern?
- ☐ Hat jede Katze ihren eigenen Fressnapf?
- ☐ Wie verläuft eine gemeinsame Fütterung?
- ☐ Bekommen alle Katzen ausreichend zu fressen und zeigen alle ein normales Fressverhalten?
- ☐ Hat jede Katze ihre eigene Toilette?
- ☐ Wird eine Katze von einer anderen am Toilettengang gehindert?
- ☐ Haben alle Ausscheidungen der Katzen eine normale Konsistenz?
- ☐ Wird die neue Katze von den anderen zum Spielen aufgefordert?
- ☐ Gibt es spielerische Auseinandersetzungen wie gegenseitiges Jagen mit wechselnden Rollen?
- ☐ Wie lange haben Sie die neue Katze im Haus behalten, bevor sie erstmals hinausdurfte?
- ☐ Waren vor dem Einzug der neuen Katze alle Katzen gesund?
- ☐ Haben Sie vor dem Einzug der neuen Katze den Impfschutz aller Katzen überprüft?

Näheres zur Haltung von mehreren Katzen ab Seite 92.

FRAGEN ZUR ARTGERECHTEN HALTUNG

- ☐ Bekommt die Katze alle notwendigen Impfungen und Untersuchungen beim Tierarzt?
- ☐ Überprüfen Sie das Gewicht der Katze regelmäßig, sodass es zu keiner Unter- oder Überernährung kommt beziehungsweise Unregelmäßigkeiten, die auf eine Krankheit hinweisen können, rechtzeitig erkannt werden?
- ☐ Unterstützen Sie Ihre Katze regelmäßig bei ihrer Fellpflege?
- ☐ Gibt es feste Zeiten für die Fütterung, Schmuse- und Spielstunden, Auslauf, Ruhe- und Schlafphasen, Ihre Heimkehr, Körperpflege und die regelmäßige Reinigung der Katzentoilette?
- ☐ Hat sich in letzter Zeit etwas in der täglichen Routine geändert?

- ☐ Konnte die Katze in der letzen Zeit gewisse lieb gewonnene Gewohnheiten nicht mehr beibehalten?
- ☐ Gab es in letzter Zeit Veränderungen im Haus oder im Revier der Katze?
- ☐ Sind in letzter Zeit neue Menschen im Leben der Katze aufgetaucht oder sogar eingezogen?
- ☐ Sind in letzter Zeit neue Haustiere im Leben der Katze aufgetaucht oder sogar eingezogen?
- ☐ Sind Sie gleichbleibend freundlich, tolerant und zuverlässig Ihrer Katze gegenüber?

- ☐ Wann verkriecht Ihre Katze sich?
- ☐ Auf was reagiert Ihre Katze auffällig irritiert?
- ☐ Worauf reagiert sie abweisend oder aggressiv?
- ☐ Gab es in letzter Zeit Hektik und/oder Lärm im Umfeld der Katze?
- ☐ Gab es in letzter Zeit laute Musik oder lautstarke Auseinandersetzungen, was für das empfindliche Katzengehör eine Tortur ist?
- ☐ Wurde sie mit unangenehmen Gerüchen konfrontiert?
- ☐ Haben Sie in letzter Zeit neue Parfüms oder andere Duftstoffe benutzt?
- ☐ Wurde die Katzennase durch stark riechende Chemikalien überfordert?
- ☐ Wird die Katze mit Zigarettenqualm, der ihre Gesundheit schädigt, konfrontiert?
- ☐ Liegen offene Zigarettenschachteln herum und werden Aschenbecher nicht sofort gesäubert?
- ☐ Gibt es absolut rauchfreie Zonen, in die sich die Katze jederzeit zurückziehen kann, was allerdings nicht wirklich ausreicht?
- ☐ Sind Sie bereit, aus Liebe zu Ihrer Katze (und zu sich selbst) das Rauchen aufzugeben?
- ☐ Erteilen Sie Ihrer Katze Befehle?
- ☐ Machen Sie ihr laute Vorwürfe?
- ☐ Sorgen Sie dafür, dass die Katze aus Neugier und Spieltrieb freiwillig etwas (anderes) tut?

- [ ] Loben Sie Ihre Katze viel, sodass sie erkennen kann, welches Verhalten erwünscht ist?
- [ ] Sind Sie immer konsequent, sodass die Katze erkennen kann, was erlaubt und was verboten ist?
- [ ] Sind Sie nachtragend, indem Sie Ihre Katze für ein Vergehen aus Ärger mit Missachtung strafen, was sie nicht verstehen kann und dadurch sehr verunsichert wird?
- [ ] Setzen Sie Ihre Katze zurück und vernachlässigen sie, weil ein neuer Mensch aufgetaucht ist?
- [ ] Könnte Ihre Katze auf etwas oder jemanden eifersüchtig sein?
- [ ] Haben Sie weniger Zeit für Ihre Katze als vorher oder generell zu wenig?
- [ ] Spielen Sie regelmäßig mit Ihrer Katze, weil es sie fit und gesund hält sowie wichtig für ihre psychische Ausgeglichenheit ist?
- [ ] Wird Ihre Katze in familiäre Aktivitäten einbezogen?
- [ ] Hat Ihre Katze eine enge Beziehung zu Ihnen beziehungsweise zu ihrer Bezugsperson?
- [ ] Werden ihre Bedürfnisse nach zärtlichem Körperkontakt wie Schmusen und Gestreicheltwerden erfüllt, allerdings nur dann, wenn sie es gerade möchte?
- [ ] Erfährt die Katze regelmäßige Ansprache, Aufmerksamkeit und wird in den Alltag einbezogen?
- [ ] Bekommt die Katze regelmäßig positive Reize, sodass ihre Intelligenz gefördert und sie aufgeschlossener für Neues wird?
- [ ] Wird respektiert, dass Ihre Katze lange Schlaf- und Ruhephasen braucht?
- [ ] Wird sie häufiger im Schlaf gestört, sodass sie krankheitsanfällig wird und mit Verhaltensauffälligkeiten reagiert?
- [ ] Darf Ihre Katze die gesamte Wohnung als ihr Revier bewohnen, ohne dass eine Inspektion durch geschlossene Türen vereitelt wird?
- [ ] Gibt es Sperrbezirke für die Katze? Warum?
- [ ] Führen Sie eine regelmäßige Gesundheitskontrolle von Fell, Augen, Maul, Zähnen und Verdauung bei Ihrer Katze durch?
- [ ] Ist Ihnen dabei in letzter Zeit etwas Ungewöhnliches aufgefallen?

Näheres zur artgerechten Katzenhaltung ab Seite 105.

FRAGEN ZUM RICHTIGEN UMGANG

- ☐ Pflegen Sie einen liebevollen Umgang mit Ihrer(n) Katze(n)?
- ☐ Gibt es einen geregelten Tagesablauf mit vielen angenehmen Routinehandlungen für Ihre Katze?
- ☐ Lebt Ihre Katze in einer katzengerechten Umgebung mit vielen Kletter-, Kratz- und Beschäftigungsmöglichkeiten?
- ☐ Bekommt Ihre Katze ausreichend Zeit gewidmet mit einer für sie interessanten Beschäftigung wie Spielen?
- ☐ Bekommt Ihre Katze ausreichend Zuwendung?
- ☐ Wie reagieren Sie, wenn Ihr Katze versucht, Ihre Aufmerksamkeit zu bekommen, obwohl Sie gerade lesen oder am Computer arbeiten?
- ☐ Hat die Katze ihre Privatsphäre, also gemütliche Plätze, wohin sie sich zurückziehen und ihre Ruhe haben kann?
- ☐ Haben Sie Verständnis für Ihre Katze, für ihre Sprache und ihr kätzisches Verhalten?
- ☐ Beobachten Sie Ihre Katze mit Interesse, um sie besser verstehen zu lernen?
- ☐ Beschäftigen Sie sich viel mit Ihrer Katze, um das Zusammengehörigkeitsgefühl zwischen Ihnen zu stärken?
- ☐ Lassen Sie Ihre Katze aktiv am Familienleben teilnehmen?
- ☐ Ist sie von sich aus an den Aktivitäten ihrer Menschen interessiert?
- ☐ Legen Sie menschliche Verhaltensmaßstäbe bei Ihrer Katze an?
- ☐ Vergleichen Sie Ihre Katze mit einem Hund?
- ☐ Tauschen Sie Erfahrungen mit anderen Katzenhaltern aus?
- ☐ Lesen Sie regelmäßig Bücher und Zeitschriften über Katzen?
- ☐ Lassen Sie sich im Notfall von einer Fachperson (Tierarzt, Tierpsychologe, Züchter etc.) beraten?

Näheres zum richtigen Umgang mit Katzen ab Seite 120.

FRAGEN ZU FEHLEINSCHÄTZUNGEN UND MISSVERSTÄNDNISSEN

- [ ] Glauben Sie, dass Katzen launisch oder hinterlistig sind oder lediglich auf die verschiedenen Einwirkungen aus der Umwelt sehr sensibel reagieren?
- [ ] Haben Sie erkannt, dass Katzen jede Gefühlsregung mit ihrer Körpersprache anzeigen und somit immer vorwarnen?
- [ ] Glauben Sie, dass man Katzen, obwohl sie zwar nicht wie Hunde aufs Wort gehorchen, trotzdem an gewisse Regeln gewöhnen kann?
- [ ] Haben Sie festgestellt, dass Katzen zwar ihrer Bezugsperson in der Regel die meiste Sympathie schenken, aber auch Mitbewohner, die mit ihnen spielen, schmusen und für sie sorgen, in ihr Herz schließen?
- [ ] Wissen Sie, dass Katzen keinen Eigengeruch haben und nur dann unangenehm riechen, wenn sie an einer schweren Stoffwechselstörung leiden oder eine eitrige Zahnfleischentzündung haben?
- [ ] Wissen Sie, dass das einzige, was streng riecht, der Urin eines unkastrierten Katers ist, den er zum Markieren verspritzt?
- [ ] Riecht es in Ihrer Wohnung nach „Katze“, weil Sie die Katzentoilette nicht häufig genug gereinigt haben?
- [ ] Wissen Sie, dass Katzen nach der Kastration nicht dick und faul werden, sondern neugierig, interessiert und schlank bleiben?
- [ ] Wissen Sie, dass sie dem Menschen gegenüber danach anschmiegsamer und zärtlicher werden sowie insgesamt ausgeglichener wirken?

- ☐ Wissen Sie, dass Sie Ihren Katzen letztendlich mit einer Kastration einen Gefallen tun, da der Druck des Fortpflanzungstriebs mit allem damit verbundenen Stress wegfällt?
- ☐ Wissen Sie, dass Sie verantwortungsvoll handeln, wenn Sie Ihre Katze(n) kastrieren lassen, damit kein unerwünschter Nachwuchs in die Welt gesetzt wird?
- ☐ Wissen Sie, dass Katzen in der Regel nur Zimmerpflanzen fressen, um verschluckte Haarballen besser ausscheiden zu können, wenn sie kein Katzengras oder Malzprodukte bekommen?
- ☐ Wissen Sie, dass Katzen Möbel und Tapeten zum Kratzen in der Regel nur dann benutzen, wenn sie keine andere geeignete Kratzgelegenheit haben?
- ☐ Wissen Sie, dass Katzen und Hunde keine generellen Feinde sind, sondern die besten Freunde, wenn sie bereits von klein auf aneinander gewöhnt werden?
- ☐ Wissen Sie, dass es nicht artgerecht ist, eine Katze allein zu halten, vor allem, wenn es eine reine Wohnungskatze ist, die zudem viel allein ist?
- ☐ Wissen Sie, dass auch zwei Katzen, die sich die Zeit, in der sie allein gelassen werden, besser gemeinsam vertreiben können, genauso viel Zuwendung von ihrem Menschen brauchen wie eine einzelne?
- ☐ Wissen Sie, dass sie ansonsten durch unangemessenes Verhalten beginnen, die Aufmerksamkeit auf sich zu lenken?
- ☐ Wissen Sie, dass aus Langeweile und Frust Zerstörungswut bei der Katze entstehen kann?
- ☐ Wissen Sie, dass nicht jede Katze wasserscheu ist, sondern manche tropfende Wasserhähne oder Zimmerbrunnen lieben?
- ☐ Wissen Sie, dass destilliertes Wasser für Katzen gefährlich ist?
- ☐ Wissen Sie, dass auch Blumenvasenwasser für die Katze giftig sein kann?
- ☐ Wissen Sie, dass Katzen durchaus in der Lage sind, negative Stimmungen wahrzunehmen und Sie deshalb nicht abwertend über Ihre Katze reden sollten, da sie fähig ist, Zwischentöne aufzunehmen?
- ☐ Wissen Sie, dass Ihre Katze böse und abfällige Bemerkungen allein aufgrund Ihres Tonfalls registriert, sie entsprechend einordnen und aus Verunsicherung mit einem auffälligen Verhalten reagieren kann?

Näheres zu Fehleinschätzungen und Missverständnissen ab Seite 134.

FRAGEN ZU VERHALTENS-AUFFÄLLIGKEITEN

- ☐ Welche Veränderungen sind Ihnen im Verhalten Ihrer Katze aufgefallen?
- ☐ In welchen Situationen zeigt die Katze das auffällige Verhalten?
- ☐ Was ging dem voraus?
- ☐ Wie häufig zeigt die Katze dieses auffällige Verhalten?
- ☐ Wie reagieren Sie, wenn Ihre Katze dieses auffällige Verhalten zeigt?
- ☐ Bestrafen Sie Ihre Katze, schreien Sie sie an oder zwingen Sie sie zu etwas?
- ☐ Wie reagiert Ihre Katze darauf?
- ☐ Was könnte der Auslöser für das veränderte Verhalten Ihrer Katze sein?
- ☐ Gab es in letzter Zeit Veränderungen im Umfeld der Katze?
- ☐ Gab es vielleicht in letzter Zeit verstärkt Lärm, beispielsweise durch Bau- oder Umbauarbeiten?
- ☐ Hat in letzter Zeit ein Familienmitglied die Familie verlassen?
- ☐ Ist ein neues Mitglied zur Familie dazugekommen?
- ☐ Ist ein neues Tier in die Familie gekommen?
- ☐ Sind neue Möbel oder andere Gegenstände ins Haus gekommen?
- ☐ Wurde etwas für die Katze Wichtiges aus dem Haus entfernt?
- ☐ War in letzter Zeit ein Besucher da, mit dem die Katze etwas erlebt hat?
- ☐ Gab es in letzter Zeit Veränderungen im Tagesablauf der Katze?
- ☐ Gab es eine andere veränderte Routine?
- ☐ Hatten Sie in letzter Zeit weniger Zeit für Ihre Katze als vorher?
- ☐ Waren Sie in letzter Zeit häufiger abwesend als sonst?
- ☐ Haben sich Ihre Arbeitszeiten verändert?
- ☐ Wie oft und wie lange ist die Katze generell allein?
- ☐ Waren Sie in letzter Zeit in Urlaub?
- ☐ Wie und wo verbrachte Ihre Katze diesen Zeitraum?
- ☐ Wirkte sie anschließend verstört?
- ☐ Haben Sie die Katze in letzter Zeit aus irgendeinem Grund vernachlässigt?
- ☐ Haben Sie sich in letzter Zeit der Katze gegenüber anders verhalten als sonst?
- ☐ Haben Sie Veränderungen in der Stimmungslage Ihrer Katze bemerkt?

- ☐ Wirkt die Katze traurig? Wenn ja, was könnte der Grund sein?
- ☐ Könnte die Katze eifersüchtig sein? Wenn ja, warum und auf wen?
- ☐ Wirkt die Katze, als habe sie Frust? Was könnte der Grund dafür sein?
- ☐ Wirkt die Katze, als habe sie Langeweile?
- ☐ Wie bringt Ihre Katze diese Empfindungen zum Ausdruck?
- ☐ Gab es in letzter Zeit Streit in Ihrer Familie?
- ☐ Gab es in letzter Zeit Kummer in Ihrer Familie?
- ☐ Gab es in letzter Zeit Sorgen in Ihrer Familie?
- ☐ Fehlt der Katze etwas? Könnte sie etwas vermissen?
- ☐ Könnte die Katze etwas stören oder irritieren?
- ☐ Könnte die Katze etwas als bedrohlich empfinden?
- ☐ Hat die Katze Angst? Wovor und in welchen Situationen?
- ☐ Wie macht sich all das jeweils bemerkbar?
- ☐ Welche Beobachtungen haben Sie sonst noch gemacht?
- ☐ Hat sich das Verhältnis zwischen Ihrer Katze und Ihnen verändert?
- ☐ Wodurch und in welcher Form?
- ☐ Hat sich das Verhältnis zwischen Ihrer Katze und einem anderen Haustier verändert?
- ☐ Wodurch und in welcher Form?
- ☐ Hat Ihr Tierarzt gesundheitliche Ursachen für das auffällige Verhalten Ihrer Katze ausschließen können?

- ☐ **Was könnte der Auslöser für das veränderte Verhalten Ihrer Katze sein?**
- ☐ **Was können Sie tun, um diesen Auslöser zu beseitigen?**
- ☐ **Wie könnten Sie Ihre Katze dabei unterstützen, sich besser mit den neuen Gegebenheiten zu arrangieren?**

Näheres zu Verhaltensauffälligkeiten ab Seite 152.

SERVICE

Zum Weiterlesen ...

... finden Sie hier Ratgeber und Sachbücher über Katzen aus dem Kosmos-Verlag:

Bailey, Gwen: Was denkt meine Katze? Katzenverhalten auf einen Blick. 2005.

Becvar, Dr.med.vet. Wolfgang: Naturheilkunde für Katzen. Grundlagen, Methoden, Krankheitsbilder. 2. Auflage 2003.

Bessant, Claire: Die Geheimnisse der Katzensprache. 2004.

Brehmer, Marion: Bach-Blüten für die Katzenseele. 2006.

Dr. Wolf: Tiersprechstunde für Katzen. 2003.

Grimm, Hannelore: Kätzchen. Halten & pflegen, verstehen & beschäftigen. 2007.

Grimm, Hannelore: Glückliche Wohnungskatzen. 2. Auflage 2002.

Halls, Vicky: Die Katzenflüsterin. Erfolgreiche Kommunikation, vertrauensvolles Miteinander. 2007

Johnson, Pam: Katzenpsychologie. Ratschläge und Erfahrungen einer Katzenpsychologin. 1999.

Kraa, Gisela: Bach-Blüten für Katzen. 2. Auflage 2002.

Lauer, Isabella: Meine Katze. 2008.

Lauer, Isabella, Populäre Irrtümer über Katzen. Warum die Katzenwäsche für die Katz ist und uns mit Kater der Morgen graut. 2007.

Lauer, Isabella: Wenn Katzen reden könnten. Verhalten und Körpersprache verstehen. 2002.

Lauer, Isabella: Zwei Katzen – doppeltes Glück. Auswahl, Eingewöhnung und harmonisches Zusammenleben. 2004.

Lauer, Isabella: Warum Katzen immer auf den Pfoten landen. 222 Fragen und Antworten rund um die Katze. 2006.

Leyhausen, Paul: Katzenseele. Wesen und Sozialverhalten. 2. Auflage 2005.

Metz, Gabriele: Katzenrassen. 2006.

Seidl, Denise: Mit Katzen leben. Richtig pflegen, füttern und beschäftigen. 2007.

Seidl, Denise: Wenn meine Katze Probleme macht. Katzenverhalten verstehen, Probleme lösen. 2005.

Tellington-Jones, Linda: TTouch für Katzen. Sanfte Berührungen für Harmonie, Gesundheit und Wohlbefinden. 2. Auflage 2008.

Thies, Dagmar: Rassekatzen züchten. Vererbung, Partnerwahl, Rassen der Welt. 2. Auflage 2005.

Turner, Dr.med.vet. Dennis: Turners Katzenbuch. 2004.

Whitehead, Sarah: Das Katzenbuch für Kids. So fühlt sich deine Katze wohl. 2. Auflage 2008.

Register

Impressum

Mit 198 Farbfotos von Gabriele Metz (181 Aufnahmen), Achim Köpf (16 Aufnahmen, Seite 51, 53 unten, 56, 57, 59, 60, 78, 81 links, 82 oben, 83 links, 84 oben, 85, 91, 117, 122 rechts, 127 unten) und einer Aufnahme der Autorin (S. 115).

Umschlag von eStudio Calamar unter Verwendung von 5 Farbfotos von Gabriele Metz (großes Motiv und oben), PICANI/Andrea Schneider (Mitte) und PICANI/Claudia Irmer (unten) und Achim Köpf (Rückseite).

Alle Angaben in diesem Buch erfolgen nach bestem Wissen und Gewissen. Sorgfalt bei der Umsetzung ist indes dennoch geboten. Der Verlag und die Autorin übernehmen keinerlei Haftung für Personen-, Sach- oder Vermögensschäden, die aus der Anwendung der vorgestellten Materialien und Methoden entstehen könnten.

Gedruckt auf chlorfrei gebleichtem Papier

ISBN 978-3-440-11431-5
Redaktion: Angela Beck
Gestaltungskonzept: eStudio Calamar
Gestaltung: TypoDesign, Kist
Produktion: Eva Schmidt
Printed in Germany / Imprimé en Allemagne

Die Autorin

Die Katzenpsychologin und Verhaltenstherapeutin **Petra Twardokus** ist aus mehreren TV-Sendungen und durch ihre Artikel in Katzen- und Heimtierzeitschriften bekannt.
Sie bietet neben der Beratung von Katzenhaltern in dem von ihr gegründeten P. T. Institut den staatlich zertifizierten Fernlehrgang „Psychologie und Verhaltenstherapie der Katze“ als Ausbildung an. Das Angebot beinhaltet darüber hinaus eine Bach-Blütentherapie-Ausbildung sowie verschiedene Fernkurse. Außerdem gibt sie Seminare für interessierte Katzenhalter.

Nähere Informationen finden Sie unter
www.katzenpsychologie.com
oder
P. T. Institut
Telefon 0208-3 77 38 92
info@katzenpsychologie.com